成功力

孙丁丁 / 著

满城尽带黄金甲

只要拥有雄心壮志，总有一天鲜花和盔甲都将拥有

中国出版集团　现代出版社

图书在版编目(CIP)数据

成功力:满城尽带黄金甲 / 孙丁丁著. —北京:现代出版社,2013.11
(2021.3 重印)

(身心灵魔力书系)

ISBN 978 – 7 – 5143 – 1833 – 3

Ⅰ. ①成… Ⅱ. ①孙… Ⅲ. ①成功心理 – 青年读物
②成功心理 – 少年读物 Ⅳ. ①B848.4 – 49

中国版本图书馆 CIP 数据核字(2013)第 273498 号

作　　者	孙丁丁
责任编辑	刘　刚
出版发行	现代出版社
通讯地址	北京市安定门外安华里 504 号
邮政编码	100011
电　　话	010 – 64267325 64245264(传真)
网　　址	www. 1980xd. com
电子邮箱	xiandai@ cnpitc. com. cn
印　　刷	河北飞鸿印刷有限责任公司
开　　本	700mm × 1000mm　1/16
印　　张	11
版　　次	2013 年 11 月第 1 版　2021 年 3 月第 3 次印刷
书　　号	ISBN 978 – 7 – 5143 – 1833 – 3
定　　价	39.80 元

P 前 言
REFACE

为什么当今时代的青少年拥有幸福的生活却依然感到不幸福、不快乐？怎样才能彻底摆脱日复一日地身心疲惫？怎样才能活得更真实快乐？

美国某大学的科研人员进行过一项有趣的心理学实验，名曰"伤痕实验"：每位志愿者都被安排在没有镜子的小房间里，由好莱坞的专业化妆师在其左脸做出一道血肉模糊、触目惊心的伤痕。志愿者被允许用一面小镜子看看化妆的效果后，镜子就被拿走了。

关键的是最后一步，化妆师表示需要在伤痕表面再涂一层粉末，以防止它被不小心擦掉。实际上，化妆师用纸巾偷偷抹掉了化妆的痕迹。对此毫不知情的志愿者被派往各医院的候诊室，他们的任务就是观察人们对其面部伤痕的反应。规定的时间到了，返回的志愿者竟无一例外地叙述了相同的感受——人们对他们比以往粗鲁无理、不友好，而且总是盯着他们的脸看！可实际上，他们的脸上与往常并无二致，什么也没有；他们之所以得出那样的结论，看来是错误的自我认知影响了判断。

这真是一个发人深省的实验。原来，一个人在内心怎样看待自己，在外界就能感受到怎样的眼光。同时，这个实验也从一个侧面验证了一句西方格言："别人是以你看待自己的方式看待你。"不是吗？一个从容的人，感受到的多是平和的眼光；一个自卑的人，感受到的多是歧视的眼光；一个和善的人，感受到的多是友好的眼光；一个叛逆的人，感受到的多是挑衅的眼光……可以说,有什么样的内心世界,就有什么样的外界眼光。

越是在喧嚣和困惑的环境中无所适从,我们就越会觉得快乐和宁静是何等的难能可贵。其实"心安处即自由乡",善于调节内心是一种拯救自我的能力。当人们能够对自我有清醒认识,对他人能宽容友善,对生活无限热爱的时候,一个拥有强大的心灵力量的你将会更加自信而乐观地面对现实,面向未来。

本丛书将唤起青少年心底的觉察和智慧,给那些浮躁的心清凉解毒,进而帮助青少年创造身心健康的生活,来解除心理问题这一越来越成为影响青少年健康和正常学习、生活、社交的主要障碍。本丛书从心理问题的普遍性着手,分别描述了性格、情绪、压力、意志、人际交往、异常行为等方面容易出现的一些心理问题,并提出了具体实用的应对策略,以帮助青少年朋友科学调适身心,实现心理自助。

C目　录
ONTENTS

第六章　做人做事讲方法

第七章　沟通的魅力

第八章　在竞争中进步

第九章　开发你的潜能

第一章
成功一定有方法

　　成功最快的方法，就是复制已经证明有效的方法。要成功,快速成功,就一定要研究成功学,研究已经成功的实例。

　　自己摸索,并不一定能成功,为什么? 因为不一定能够碰到必需的成功因素。你可能摸索了几十年,因为某些经验、条件的局限而始终不能完成。复制他人的成功,远胜过自己摸索。

　　复制的步骤是怎样呢? 首先, 确定你想要的结果。然后,找到已经有了这种结果的人分析他的策略,最后复制他的做法。

成功并不神秘

我们都知道,学习有学习方法,工作有工作方法,做生意有生意经。许多人把成功看得那么神秘不可测,是因为成功过程涉及的因素实在太多,范围太广,好像"摸不到"规律。其实,它一样可以掌握。所以,成功是一种必然现象。如同火焰在易燃物、氧气、温度三者俱备时必然发生一样,当重现构成成功结果的每一必要因素时,成功就必然出现。成功者所以成功,是因为他当时当地具备了成功的必要因素。我们把这些要素提取出来,重放一遍,于是也得到成功。

复制成功,是快速成功的重要方式。

成功最快的方法,就是复制已经证明有效的方法。要成功,快速成功,就一定要研究成功学,研究已经成功的实例。

自己摸索,并不一定能成功,为什么? 因为不一定能够碰到必需的成功因素。你可能摸索了几十年,因为某些经验、条件的局限而始终不能完成。复制他人的成功,远胜过自己摸索。

复制的步骤是怎样呢? 首先,确定你想要的结果。然后,找到已经有了这种结果的人分析他的策略,最后复制他的做法。

怎样复制呢?

第一,复制他的信念。第二,复制他的策略。第三,复制他的肢体语言。

超级成功学的重要内容是顶尖成功人士的成功方法。将这些人的成功方法应用于我们,可以快速实现成功。越是成功的人,他的经历越多,他的方法越具有普遍性,对我们越有帮助。所以,学就跟第一名学。超级成功学中的成功方法,融合了来自一百多位世界顶尖的成功人士方法,比如

成功力——满城尽带黄金甲

世界第一潜能开发大师安东尼·罗宾,世界第一人脉专家哈维·麦凯,世界第一推销大师汤姆·霍普金斯,世界第一行销大师阿尔·赖兹等等。

超级成功学讲究的是利用顶尖成功人物已经证明了的有效方法实现自身快速成功。

成功是一位最具贵族化色彩的天使,它总是与自信者同步,并且成功一旦在自信者身旁降临,就会再度光顾。

什么是成功

什么是成功？这是个老话题了。然而每个人对成功的认识却也不同。

记得央视主持人王志说过成功是相对的,每个人都有自己的成功标准。

有的人认为有钱、有房、有车、有女人,就是成功。

有的人则认为成功是你做了一件你想做的事并且做好它。

还有人干脆否认成功地存在,他认为这世界上没有成功,只有无止境的追求。

字典中成功有两种解释:1、成就功业、政绩或事业。2、获得预期的结果,达到目的。

我们从人的角度来分析一下成功这个词。

首先成功必定要和事件有联系,没有事件便没有成功。

那么事件是怎么开始的呢？这就不得不考虑到成功的主体是谁？换句话说就是谁成功了？

我们现在假定成功的主体是你。主体是你,自然对成功的感受也是以你为主的了。接下来我们就会想到与你有关的事件的开始、发展以及结束了。事件是怎么开始的呢？这事件是你做的,当然是因你而起的啰！

那么你为什么要做这件事呢？是无意中做的还是你有计划早就想做的或者干脆是你不想做的？无意中做的事会使你有成功的感觉吗？用中国人的一句俗语来形容这种无意中做成的事,那就是走了狗屎运的感觉,有惊喜但没有长久的满足感,不好意思摆上台面炫耀。

如果你不想去做某一件事,由于某种原因使你不得不做,这事做好之后,你会欣喜吗？你会有满足感吗？你会觉得你是成功的吗？

好了,就当作这件事是你想做的。撇开做这件事的过程不谈,做一件事必定有做好和没有做好两种结果。那么没做好自然就不算是成功了。但是做好了一件事,就算是成功吗?

如果这件事是一件你认为微不足道的小事,你想做也只是因为你可能需要他,但是它一点也不值得称道,你会有成功的感觉吗?你会兴奋得大声喊道我成功了吗?因此这件事,必定是你非常想做的事。你有强烈的欲望想要做成它。当它做成后,你会有强烈的满足感和兴奋感。

好了,结合上面的论述我们来看看成功到底是什么?首先是成功的主体也就是你,接着是你非常想做的事,然后这件事你做成了,接着最重要的一点就是你获得了强烈的满足感。

我们可以看到,成功实际上是一种感觉。是谁的感觉?是成功的主体你的感觉。你感觉怎样?你既高兴又兴奋,而且还特有满足感,你愿意将你做的事向别人述说,让他人也能感受到你的喜悦之情。

因此就要为成功作一个新的定义:成功是指人们做好了一件非常渴望做的事所获得的满足感与兴奋感。

因此我们做事情,不管大事小事,只要是你想做的事,并且通过你的努力做成了,你高兴了,那你就成功了。

不要把成功看得太遥远,也不要把成功看得太容易,成功需要你的努力。

那些认为成功不存在的人,实际上是不断界定新的目标的人,他们也会从他们所做的事中获得快乐,他们也成功过。

成功意味着什么

成功学家卡尔博士认为"成功意味着许多美好积极的事物。成功意味着个人的兴隆：享有好的住宅、假期、旅行、新奇的事物、经济保障，以及使你的小孩能享有最优厚的条件。

成功意味能获得赞美，拥有领导权，并且在职业与社交圈中赢得别人的尊崇。成功意味着自由：免于各种的烦恼、恐惧、挫折与失败的自由。成功意味着自重，能追求生命中更大的快乐和满足，也能为那些赖你维生的人做更多的事情。"的确，成功意味着很多很多东西，并且根据每个人不同的理解，上面的描述还可以无限的延长下去。但是究其本质，成功是什么呢？

成功其实包含两方面的含义。一是社会承认了个人的价值，并赋予个人相应的酬谢，如金钱、地位、房屋、尊重等等。二是自己承认自己的价值，从而充满自信、充实感和幸福感。但是人们往往忽略了成功的后一种含义，认为只有在社会承认我们、他人尊敬我们时，我们才算度过了成功的人生，只有在鲜花和掌声环绕着我们时，才算是到了成功的时刻；而仅仅自己认为自己成功不仅没有意义，而且还有狂妄自大的嫌疑。

实际上，一个人只有在对自己有较高评价并认为自己一定会成功时，他才可能真正成功。这中间的道理也很简单，那就是人不可能给别人他都自己没有的东西。

如果一个人觉得自己的生命没有有价值，那么又怎么可能给社会创造价值、并最终得到社会的承认呢？

我们从小就生活在一个教导我们要"自谦""自制"的环境中，许多人生箴言如"出头的橡子先烂""夹着尾巴做人"等等，更无时不在提醒我们要压抑自己、小看自己。尽管这些观念在有的时候可能是一种对外的托词,可能是一种自我保护策略,但是任由这些观念泛滥,就会形成一种洪流在社会上流淌。

人刚开始就像一个个棱角犀利的岩石,在这种抹杀个性的观念洪流中,久而久之被变成了没有棱角的鹅卵石,失去了自信,甚至失去了期望,不敢再有什么没好的憧憬,碌碌无为地度过了一生。

人们常说"期望什么,得到什么",期望平庸,就得到平庸,期望伟大,就有可能真的伟大。

公交战线的标兵李素丽上中学时的期望是当一名播音员,但是在实际工作中却当了一名公共汽车售票员,按照常规的理解,她的希望是破灭了,她完全可以放弃原来的期望,带着失败的感受,作一个普通的售票员,但是她不是这样,即使在售票员的岗位上,她仍然用播音员的标准要求自己,字正腔圆的报站名,兢兢业业地为顾客服务,在平凡的岗位上创造了不平凡的业绩。

记得在学习李素丽的活动中有这样一次电视采访,一群演员、歌唱家、播音员登上李素丽服务的车组进行观摩,有人问她还想当播音员吗,李素丽自豪地说她本来就是播音员,汽车上的播音员。

她的这种自豪感肯定不是在她当上标兵、评上劳模之后才有的,这种自豪必然是她的一贯的心态,正是由于她心中不灭的期望和自豪感,使她数年如一日的坚持严格的高标准服务,并受到众多乘客发自肺腑的感激和赞扬。

正是她的这种不灭的期望和自豪感以及由此产生的坚定行动,树立了售票员的新形象。

人就像一部汽车,而期望就像汽车的变速档,而心中的怀疑、自卑、愤恨、失败感等消极的想法就像汽车发动机里的锈斑和污垢,只有在清除这些污垢并挂上高速档时,人生这部汽车才能快速地奔向成功,而一个对自己期望很低并且自卑的人则好像一辆只有低速档的冒着黑烟的老爷车。

正如一句唐诗中描绘的"沉舟侧畔千帆过,病树前头万木春",现代社会更是一个人才济济、充满竞争的社会,只有自信并敢于行动的人才有成功的机会。

在美国哈佛大学约翰·科特关于美国成功的企业家的一项调查中,研究了数百个成功的个案,他发现成功人士的一个共同特征就是有很高的自我评价,认为自己的行为代表正确的方向,同时他们都有很强的自信心和进取精神。

当然,在生活中也有另外一面,那就是任何人都会遇到不如意的事,每个人都难免产生烦恼、悲哀、内疚、失望等情绪。面临失败,有人会不断地提醒自己是个失败者从而在战战兢兢中等待下一次失败,而失败也常常如约再次降临到这些人身上,所以失败有时也是自找的,在真正的失败到来前,他们已经在心中对自己的能力发生了怀疑,放弃了努力,坐等失败的来临。

成功人士也有失败的时候,但是面临失败他们也会维持他们的自信。他们会把失败当作特例,他们会对自己说:"这不像是我干的,我会干得更好";他们会从失败中找到积极的一面,如"咬定青山不放松,任尔东西南北风";他们会通过积极的行动来弥补过失,转移自己的消极情绪。通过这些行动,他们不仅再次具有了较高的自我评价,同时又为现实中的成功作好了准备。对于他们,失败才是成功之母。

"人贵有自知之明",其潜在含义常常是要人们多看看自己的缺点,不要自满等等。其是这种专挑缺点的"自知"并没有什么积极意义,它只使人明白什么是要避免的,但不能告诉自己什么是要发展的。要知道"君子一日三省吾身",现代人虽然可能达不到古代君子的内省标准,但在生活中也要不断地进行着自我评价。自我评价的方向和内容对人成长有很大的关系,只看自己的缺点好像千百遍地听人说"你这不行,你那不行,不准干这,不准干那……",但从来不知道自己哪儿行、不知道要干什么,这种情景是令人非常绝望的。**然而如果自我评价的方向是正向的、自我肯定的,个体不仅会由此产生积极的情感体验,同时将更有可能发展出好的行为,产生良好的结果。**

成功力——满城尽带黄金甲

正像英国作家萨克雷的名言一样,"生活是一面镜子,你对它笑,它就对你笑;你对它哭,它也对你哭",成功的到来也正如一副对联:说你行你就行,不行也行;说不行就不行,行也不行,这副对联应该有一个画龙点睛的横批,那就是我们今天的话题"自我评价"——你认为你行,你就能行,你认为你不行,那就真的不行。

人不可能给别人他都自己没有的东西。如果一个人觉得自己的生命没有价值,那么又怎么可能给社会创造价值、并最终得到社会的承认呢?

成功的思维模式

一种思维,决定一种行为;一种行为,决定一种习惯;一种习惯,决定一种性格;一种性格,决定一种命运!

一个成功的人,根本的成功秘诀在于其拥有普通人所没有的思维模式。作为一名成功的人,其至少应具备如下的思维模式:

1.目标的科学性:宁可在正确的问题上做错事情,也不能在错误的问题上作对事情。在正确的问题上做错事情,最坏的结果也就是我们的目标没有达成,我们的现状暂时没能得到改善,我们还可以研究新的战术来改变现状。然而,一旦在错误的问题上,做了对的事情,最轻微的结果只能是伤害现行的系统。上述的问题与事情,也就是一个企业的战略与战术。**如果决策层所定的战略就错了,那么执行层基于此所制定的战术,其越是高明,则其对整个系统的伤害也就越深。这也就是在错误的问题上做了对的事情。**

2.没有任何借口:只有目标对了,那么在其正确的引导下,本着正直、诚实、自我负责的原则;以达成目标所应具备的良好心态、将我们的注意力聚焦在达成目标的方法上;怀着一颗感恩的心,调用一切可以发动的人员,充分应用与其相关的一切可应用的资源;持之以恒,在行动过程中,不断的反省自己,不断的完善自己,抱着不达目标不罢休的精神朝着我们既定的目标前进。

3.三讲,三不讲:讲自己,不讲别人;讲现在,不讲过去;讲主观,不讲客观。真理总是掌握在少数人手里面的,所以掌握真理的人往往也是孤独的。三讲,三不讲,交给我们的,其实很简单,就是要我们在面对问题的时候,保持我们的自控力,将注意力聚焦于解决问题的方案上,而不是抱怨问题的制造者,或者是其他,因为这些对于我们解决问题,毫无帮助。虽然如此,但是大部分人往往很难真正做到保持这种自控力。在问题出现之后,最先做的应该是面对问题,在此基础上作出反思。要问自己,对于这个问题,我应该做什么? 我是否已经做了? 我计划怎么做? 三讲,三不讲,强调的就是凡事从主观出发,这才是解决问题之道。

4.决策行动程序:倾听——思考——评估——行动。虽然是速度第一,完美第二,但是也要考虑到我们的决策风险。有了新的想法,立即行动,固然是好,但是其中却也存在着很大的决策风险。制定一套科学的决策程序,以此来降低我们的决策风险。倾听——思考——评估——行动,在有了新的想法之后,最先应该向当事人收集相关的信心,然后自己在基于这些信息就行思考与评估:该想法是否值得实施? 该如何实施? 其要实施所需具备的一些软硬件环境是否具备? 若不能,又该如何等等。待这些准备工作做完之后,该确要确实有价值,且有可行性,那再行决策行动。照此流程,可以大大降低决策的风险。

魔力悄悄话

成功是对成功者的肯定,成功是对成功者的奖赏;成功可以成为成功者的墓志铭,然而,成功绝不是成功者唯我独尊的通行证。因为在这个世界上,所谓的成功都是某一方面的成功,都是某一领域内的成功。

规划你的成功人生

现实生活当中，没有什么比不成功便成仁更惨烈的。于是，他们才可能排除万难，直到成功，而且最终，他真的达到了成功的结果。

现在，试着找到自己的目标。自问这个目标我到底有多想要，我对它的期望强度到底是百分之几？我的期望强度是否足以让我能走到成功的终点？

很多人的成功期望都在99%以下，这就是现实生活中人们不能成功的核心原因之一。

成功是需要付出代价的，这个代价叫作"成功成本"。

许多人都会有自己很清楚的目标，可是为什么有那么多的人能够达成，而有的人总是达不成？

一、期望强度

人人都想成功。可是，尽管每个人都会有自己所期望的目标，但他们期望的牢固程度或期望的强度是不一样的。

期望强度0%，根本就不想要。当他不想要的时候，当然就得不到了。

期望强度50%，可要可不要，但蛮想要的。常常会努力一阵子，三分钟的热度，一旦遇到困难就会退缩。他们常常幻想，不怎么付出代价，就很想得到。结果也是常常不会成功。

期望强度99%，非常非常想要。即使是非常非常想要，到最关键的时刻，你还有一丝退却的念头。现实生活当中，达成目标常常会遇到很多的难关，而这些难关，往往就是那些99%的人，不可逾越的鸿沟。希望强度是99%，所以，在最后一刻他们会放弃。在最后放弃与第一步放弃，结果是一样的。

实现越大的梦想,往往需要越大的成本。一个人能有多大的成就,取决于他能承受多大的成功成本。一个人的成功概率有多高,取决于他的期望强度有多大。如果对自己的期望强度不是很大,他承受的压力支付的成功成本,也就不会太大,同时他成功的概率也就会相应较小。

二、十条以上的理由

人们定下了目标之后,比如说如何赚大钱,但接下来他们常常最关心的就是如何达成目标。可是一段时间以后,当他遇到了瓶颈的时候,他就会自我宽慰"何必搞得那么辛苦,赚这么多钱干嘛呀?"一开始他就不知道自己为何赚大钱,一旦遇到困难,他就会选择放弃。行为科学的研究的结论表明,人不会持续地去做自己都不知道为什么要去做的事情。其实为何常常比如何来得更重要。

每设定一个目标,尤其是具有挑战性的目标,务必列出为何要实现它的 10 条以上的理由或好处!而且好处越多越清晰,对我们达成目标会越有好处。对你没什么好处的目标,你的潜意识会认为没有必要为它做那么多事情,也就意味着目标被实现的可能性已经不大了。

如何更有效的找到自己真正的梦想,确立更有效的人生目标?

想象一下自己 60 岁退休的时候,我们会有什么样的成就? 我们的同事、朋友、家人,会怎样评价自己? 想象一下,离开人世的时候,会有什么成就? 人们会怎样评价自己? 或者想象一下自己离开这个世界 10 年以后、50 年以后、100 年以后,人们还会不会记得自己,人们又会怎样评价自己? 请记住,这个问题的答案里面,蕴藏着我们自己人生的意义,有我们人生终极的目标,有我们真正的梦想。

找到梦想之后,接下来就是,如何将梦想变成一个个具有可操作性的目标来。梦想与目标之间的差别在于,梦想可以非常概括、形象,而目标是具体而可以量化的。目标是有数学概念的,目标就是可以量化的梦想。

有效的目标核心条件:量化、时间限制。

量化:

1、如果一个目标能用数字来描述的话,一定要用准确的数字来描述;数字要具体化。

2、如果一个目标,如果不能用一个数字来描述,而是用某种形态的话,那么这个形态一定要指标化。

生活当中,常常听到这样的口头禅式的目标:找一份好工作,成为有钱人,有一个幸福的家庭,尽最大的努力做好这件事情,让公司的业绩跃上新台阶,平平淡淡过一生等等。这都是一些想法,而不是真正的目标。它们的共同特征,就是模糊,没有量化。

时间限制:

任何目标都必须限定什么时候完成。如果不限定自己什么时候完成,我们会发现会变得遥遥无期。时间限制可以具体到某年某月某日某时某分。没有时间限制的目标,即使量化再好,也可能会使目标实现之日变得遥遥无期。

成功的大小,都是用你渴望的程度来衡量的。确立目标之后,只要你有这样的决心:不在追求中成功,就在追求中死亡。那么成功的天使,就将挑出把最大的一枚果实丢在你奋斗的路旁。

成功者的共同特点

美国加利福尼亚大学副教授查尔斯·卡费尔德对一千五百名取得杰出成就的人物进行了调查和研究。他发现,这些人具有某些共同的特点,而且这些特点并不是他们天生的,谁都可以学到。

一、选择自己喜欢的职业。

这位教授的调查表明,工作上取得优秀成绩的人,所从事的大都是自己所喜欢的职业。干自己喜爱的工作,即使薪金不高,但能得到一种内在的满足,生活上会更愉快,事业上也会更成功。当然最终他们常常是名利双收。

二、不求尽善尽美,有成果即可。

许多雄心勃勃、勤奋工作的人都力求使自己的工作尽善尽美,结果工作数量少得可怜。卡费尔德说:"工作成绩优秀者不把自己的过失看成是失败,相反,他们从错误中总结教训,于是下一次就能干得更好。"

三、不低估自己的潜力。

大多数人认为自己知道自己能力的限度,然而,我们所"知道"的大部分东西,其实并不是完全知道的,而只是感到而已。由于人们很少真正认识到自己的能力限度究竟在哪里,以致于许多人老是把自己的个人能力估计得低于实际水平。卡费尔德指出:"对自己起限制作用的感觉是做出高水平工作的最大障碍。

四、与自己而不是与他人竞争。

成就卓著的人更注重的是如何提高自己的能力,而不是考虑怎样击败竞争者。事实上,对竞争者能力的担心,往往导致自己击败自己。

五、兼顾生活。

人们通常认为,工作上成就优秀肯定都是工作狂。其实不然,许多工作成绩优秀的人虽然乐于辛勤地工作,但他们也知道掌握限度。对他们来说,工作并不是一切。他们懂得如何使自己得到休息,如何安排家庭生活,抽出适当的时间与家人共享乐趣以及珍重与亲朋的关系等。

　　成功是无数次失败的结晶。成功的人都是跌倒后,比别人多爬起来一次的人。要想成功,你必须有这样的胆量:孤独中,能克服失败的恐惧,人群里,能无视鄙夷的目光。

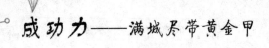
失败者的特征

互联网提供了一个很好的窗口，使我们可以观察形形色色的人们，那么看到最多的，大概就是失败者了。这也符合社会人群构成的分布，失意者往往是大多数，成功者往往是极少数。怎样摆脱失意，成就自己，不妨先看看失败者有哪些共性，再看看自己占了几条。

失败者共性之一，怨天尤人

别人有个好老师，我们老板真严厉；别人有背景，我们是草根；等等，把自己的无能用"客观环境"来掩盖，乍一听条条是理，其实呢，别人成功都是偶然，自己的失败都是命不好。这样的人能成功才是没天理。今天无论是网络社区里，街边聊天里，听到最多的就是这种谈资，"你看人家谁谁谁"，每个行业，顶尖的人才都是极少数，而平庸的人总是过剩，关键是，你在门槛外，然后看着门槛内的人，觉得他们似乎是命运的宠儿。却从来无视这个门槛的存在。

失败者共性之二，不肯面对现实

我们经常能看到很多这样的人物，他们就是不肯承认在他们身边有些人做出了不起的事业，就是不肯承认那些看上去比他们年轻，比他们资历要浅的人能够有所成就，于是怎样，把眼睛捂住，把耳朵捂住，死活不肯承认，不肯面对现实，不肯承认别人的成就，以阿Q的心态蒙蔽自己，维持自己可怜的自尊和自信，如此等等。

当然这里还有另一类，就是某个神奇的理想破灭后，不肯面对现实，找出种种光怪陆离的借口来麻醉自己。

失败者共性之三，迎难而退，拒绝挑战

失败者是不会承认自己迎难而退的，他们有足够的借口，比如说"我只拿这点钱,这个事情凭什么让我做",或者说"这事情不该我管"云云,总而言之,一方面他认为自己和"那些人"的本事没有两样,另一方面他认为困难的事情是"那些人"分内的事情,迎难而退,其结果是,永无机会。

失败者共性之四,没有目标

严格地说,失败者并非真的没有目标,他们也有诸如"中彩票得500万","换一个好学校",等等的目标,但是他们的目标,你仔细看,往往都是要"遇贵人"才能办得到,并不是每个人都可以成为虚竹子的,于是他们往往嗟叹世无伯乐,他们只好混迹于平凡。

失败者共性之五,瞻前顾后

有这么一句话,悲观的人永无机会,其实顾虑重重的人也一样,越是一些背景很强名校毕业生,越不敢去挑战自己,他们选择太多,机会太多,太多好机会等着他们,于是在不断的选择中,迷失了自己的目标和方向,最后沉沦在一份看上去还不错的工作上,仅此而已。

很多时候,没有选择反而可以坚定人的信念。但是如果你有很多选择,你还会坚定信念吗?

成功的秘诀就是抓住目标不放。失败者只所以失败,就在于毫无目标或对目标的遗忘;成功者之所以成功,就在于从不因别人说他的愿望不能实现而彷徨。

成功不是偶然的

　　每个人都希望自己能成功,学业、事业皆能有成。而常言道"大器晚成",许多成功不是一蹴而就的,就是一棵树也得经过几十年的风吹雨打方能长大。所谓"十年树木,百年树人",人经不起时间的磨炼,经不起挫折,要有所成就很难。

　　智者的忠告是:"我们愉快地生活,不去恨那些恨我们的人,即使有人在恨我们,我们也不去恨他们。让我们没有烦闷地愉快生活,让我们没有贪婪地愉快生活,在贪欲人海中,让我们没有贪欲地生活。"

　　真正的慈悲是建立在认识到他人和你自己一样有快乐的权利,因此连你的敌人也是和你一样是个追求快乐的人,而且和你一样有权利快乐。在这个基础上所发展出来的一种关怀的感觉就是我们所谓的"慈悲",它遍及每个人,不管那个人对你的态度是敌对的或是友善的。

　　在迷惑的时候,往往会有许多心结打不开,这通常都是因为自己钻牛角尖,固执己见,听不进别人的逆耳忠言所致。所以当我们遭遇不顺、陷入烦恼的时候,无论迷惑、愚痴或邪见,只要不执着,就有办法化解。所谓"穷则变,变则通",能够不断寻求解决之道,就会有所觉悟,有了觉悟就会有受用,此即"迷中不执着,悟中有受用。"

　　为人处世,退一步准备之后,才能冲得更远,谦卑的反省之后才能爬得更高。要知道拳头总是要先收回来,然后才能给对手致命一击。退,不是一种畏缩,不是一种妥协。恰恰相反,这是一种练达的生活态度,也是进的必然选择。

　　好的教育绝对不能以权威、武力来压迫别人,因为权威只能服人之面,不能服人之心;唯有以慈悲的心情包容接受,才能使别人由衷生起恭敬,心悦诚服地接受他的教导。所以说,慈悲的教化胜于一切,它犹如温暖的阳光,照亮每个人的心灵。

现实生活中有些人会面对机会时总是眼界太高,欲望太大。也许他们真的不知道什么才是自己真正的收获,或者他们根本就不知道自己的所求是什么。正是由于这些人面对机会不加分析,而一旦遇到一些挫折和变动,就会错过一切。

沟通和说服不一样,沟通是平等的,说服是强加给别人的,感觉就不一样。沟通也是有条件的,第一自己要心平气和,第二要有一个好的氛围、好的气氛、好的环境、好的时间段,不是说兴趣来了就找人家说要干什么。什么事,在什么场合,怎么说,怎么表达,弄不好会起反作用,越沟通越麻烦。

一个人光有信心、却无智慧,这种信心就是迷信,只能徒增自己的无明愚痴;光有智慧、却无信心,这种智慧会成为自己傲慢的资本,最终只能增长无边的邪见。所以,信心与智慧犹如人的双足,缺少一个的话,在解脱的道路上都走不了多远!

虽然我们的岁月、体力都会随着时间消逝衰退,但是"道"可以进步,"德"可以累积。分秒不空过、步步要踏实;善念不间断,好事日日做;妙法时时用,法术多分享,如此才能创造有价值的人生。

一生庸庸碌碌的人不会给世人留下任何有益的启示,也不会取得任何成就。只有在逆境中不停地行走,把磨难当成是自己人生的一笔财富,他们的脚印才能深刻地留在自己所走过的路上,他们的脚印才能成为其价值的体现。

成功的门大都是虚掩着的,只要你勇敢地去叩,成功就会热情地来迎接你;不过和成功一起迎接你的,通常还有一个伙伴,它的名字叫嫉妒。

第二章
建立你的价值

　　许多人之所以面对世界和未来,总是拿出一副战战兢兢、畏缩不前的姿态,而只让心灵中的愿望凝固成失望的苦痛和惆怅的悲怆,成为自己沉甸甸的生命的负担,根本的原因,是他们自轻自贱,自我歧视,看不见自己生命的能量,更看不到自己出众的才智和超人的技能,从而把自己束缚在自己手造的精神的铁屋子里。善于发现自己的特长,挖掘自己内在的潜能,不但可以提升自我的生命价值,而且给了自己获取人生所需的激情和动力,从而达到创新二次自我,开拓生活新天地的高层境界。

树立正确的价值观

人生价值观是每个人判断是非善恶的信念体系,它不但引导我们追求自己的理想,还决定一个人生活中大大小小的选择。在求全意义上来说,我们的任何行为,都是自身价值观的流露。尽管每个人都无可避免地受到价值观的影响,不同头脑中的价值观却可能大相径庭。而人们各自不同的人生经历、生命感悟以及生活际遇,无不受到各自价值观的深刻影响。

人生价值观,实际上是解决个人怎样生活才算值得,怎样生活才有意义的问题。我们不能用事实真理取代价值真理,这正如爱因斯坦所说:仅有智慧和技能并不能给人带来尊严和幸福,人类有理由相信、完全可以把高尚的价值观和道德标准的传道士置于客观真理的发现者之上。在我国加强精神文明建设的形势下,已经把价值观教育摆到重要地位,各方面都在培养我们树立科学的价值观。

要树立正确的人生价值观。**人生价值观是一个人评价人生目的和人的社会行为所持有的基本价值标准和尺度,是对于人怎样生活在这个世界上才有意义的一种根本看法。**一个正确、高尚的人生价值观对于人生的征途具有指导意义,是战胜一切困难羁绊的精神动力;相反,错误、扭曲的人生价值观则是人走向堕落,走向灭亡的诱因。

然而,人生价值观的核心问题是:奉献还是索取,易言之,就是把注意力放在奉献还是放在索取上。同时,人生价值的构成,包括两个方面:个人对社会的责任与贡献以及社会对个人的尊重和满足。

因此,为人民作出贡献,推动社会进步的人才是有价值的。在我们树立了正确科学的人生价值观后,要用实践的方法去落实到实际生活中去,从而努力提高自身在各方面的综合素质,为将来走上社会奠定良好的基础。

"最美妈妈"吴鞠萍、"最美教师"张丽莉、"最美警察"高剑平、姜方林、"最美司机"吴斌都是我们生活中普普通通的一员,但正是这样平凡的人,在平凡的岗位上做出了不平凡的事,他们把真善美付诸实践,用责任和热情去阐释了人生价值观的什么叫责任,什么叫奉献,什么叫感恩等等。应有的责任,应有的理念,这都是在价值观讨论中需要形成共识的。作为一名普通养老工作者,更应该做好以下几点。

一、勇于承担责任

责任胜于能力。责任心是一个人的人品问题,具有责任心的养老工作者,会认识到自己在工作中的重要性,把实现组织目标当成自己的目标。养老工作的特殊性,需要每一个人有强烈的责任感。责任感是没有人要求你、强迫你,你却能自觉而全力以赴去做好需要做的事情。优秀的养老工作者不会等上级指示,会兢兢业业用自己的每一分责任与爱心去规划,去履行自己所需要做的事。

责任心是一种习惯性行为,是一种重要的素质,是一个要想成为一名优秀养老工作者所必需的内涵。作为养老工作者更应该明白自身工作的特殊性,明确工作的目标、明确工作职责,创造性完成工作任务。

二、甘于奉献

人生的意义到底是什么? 怎样活的才算有意义? 活着为自己还是活着为他人? 这是每个人要考虑的问题。根据党的十七届六中全会精神要求,其中一条就是深入开展学习雷锋活动,这是个大力推进建设社会主义核心价值体系的重要举措。学习雷锋精神的核心就是讲求奉献精神,其实质是全心全意为人民服务。奉献是人生应追求的崇高品德。奉献,是一种高尚的品德,更是人生的一种崇高境界。六十年代,涌现出来的雷锋精神不但在中国激励了几代人,雷锋精神和他的高尚品格还超越了不同的社会制度、超越了国界、超越了信仰,融入全世界。在著名的美国西点军校,雷锋早已成为他们所敬仰的英雄,雷锋精神成了他们的必修课程。有一位美国女青年,由于常为别人做好事,人们亲切地称她为"美国雷锋"。雷锋精神之所以走出国门,属于全世界,正是因为他这种伟大的奉献精神。奉献精神是一种高尚的情操和行为,更是一种高尚的品质和修养。奉献精神作为一种时代精神,在推动社会发展与进步中发挥了重要作用。

三、学会感恩

感恩是一种处世哲学,是生活中的大智慧。人生在世,不可能一帆风顺,种种失败、无奈都需要我们勇敢地面对、旷达地处理。只是,是一味埋怨生活,从此变得消沉、一蹶不振;还是生活满怀感恩,跌到了再爬起来。英国作家萨克雷曾说过:"生活就是一面镜子,你笑,它也笑;你哭,它也哭。"你感恩生活,生活将赐予你最灿烂的阳光;你不感恩生活,只知一味地怨天尤人,最终可能一无所有。成功时,感恩的理由固然能找到许多;失败时,不感恩的借口却只需一个。殊不知,失败或不幸更应该感恩生活。

也许每一份工作或环境都不可能尽善尽美。用感恩的心态去做好履行好工作,去回报社会;用感恩的心态处理好人和人之间的关系,协调好工作。感恩不需要成本,我们每一个人都应该学会珍惜,沿着自己确定的目标。从身边的点滴做起。心怀感恩,与爱同行。

时代的发展步伐日趋加快,我们不仅需要知道自己要做什么、要成为什么样的人。更需要用责任、奉献、感恩去面对生活。以优秀的内涵素养、良好的心态、积极的心态去面对每一天。

确定自己的价值定位

如同建立品牌一样，一个人与其匆忙花费精力漫无目的推荐给朋友，不如事先确定好自己的价值定位，然后针对目标顾客有针对性地销售自己。

人在每个阶段，取决于自己的能力和目标，都有不同的价值定位。当你还是一个大学生，你的价值可能在于你成绩很棒，或者是足球踢得特别好，也可能是你很帅，大家觉得和你在一起有面子，实在不行，你还可以很有体力，很热情愿意去跑腿；最糟糕的(但也不是坏事)是，很有钱，总乐于买单……你工作后，或许你是一个电脑高手，或许是一个品牌专家，总愿意出谋划策，或许你认识很多媒体，善于用笔杆子为人解决问题，或者你在生产制造方面很有经验，当然，如果你有很多钱，恭喜你，你处于食物链的顶端，资本最有价值。

许多人的"安贫守道"，许多人的"恪守卑微"，许多人的匍匐行进，并不是生活天地的狭小，也不是命运之神的禁锢，更不是客观条件的欠缺。这些人之所以面对世界和未来，总是拿出一副战战兢兢、畏缩不前的姿态，而只让心灵中的愿望凝固成失望的苦痛和惆怅的悲怆，成为自己沉甸甸的生命的负担，根本的原因，是他们自轻自贱，自我歧视，看不见自己生命的能量，更看不到自己出众的才智和超人的技能，从而把自己束缚在自己手造的精神的铁屋子里。

善于发现自己的特长，挖掘自己内在的潜能，不但可以提升自我的生命价值，而且给了自己获取人生所需的激情和动力，从而达到创新二次自我，开拓生活新天地的高层境界。

　　有一座山，山上有个大法师。一天，一个小和尚跑过来，请教大法师："师父，我人生最大的价值是什么呢？"大法师说："你到后花园搬一块大石头，拿到菜市场上去卖，假如有人问价，你不要讲话，只伸出两个指头；假如他跟你还价，你不要卖，抱回来，师父告诉你，你人生最大的价值是什么。"

　　第二天一大早，小和尚抱了一块大石头，乐呵呵地跑到山下菜市场上去卖。菜市场上人来人往，熙熙攘攘，人们很好奇，谁会买一块石头呢？结果没一会儿，一个家庭主妇走了过来，问小和尚："这石头多少钱卖呀？"和尚伸出了两个指头，那个家庭主妇说："2元钱？"和尚摇摇头，家庭主妇说："那么是20元？好吧，好吧！我刚好拿回去压酸菜。"小和尚听到："我的妈呀，一文不值的石头居然有人出20元钱来买！我们山上有的是呢！"于是，小和尚遵照师傅的嘱托没有卖，乐呵呵地抱回山上，去见师父："师父，今天有一个家庭主妇愿意出20元钱，买我的石头。师父，您现在可以告诉我，我人生最大的价值是什么了吗？"大法师说："嗯，不急，你明天一早，再把这块石头拿到博物馆去，假如有人问价，你依然伸出两个指头；如果他还价，你不要卖，再抱回来，我们再谈。"

　　第二天早上，小和尚又兴高采烈地抱着这块大石头，来到了博物馆。在博物馆里，一群好奇的人围观，窃窃私语："一块普通的石头，有什么价值摆在博物馆里呢？""既然这块石头摆在博物馆里，那一定有它的价值，只是我们还不知道而已。"这时，有一个人从人群中窜出来，冲着小和尚大声说："小和尚，你这块石头多少钱卖啊？"小和尚没出声，伸出两个指头，那个人说："20元？"小和尚摇了摇头，那个人说："200元就200元吧，刚好我要用它雕刻一尊神像。"小和尚听到这里，倒退了一步，非常惊讶！他依然遵照师傅的嘱托，把这块石头抱回了山上，去见师傅："师傅，今天有人要出200元买我这块石头，这回您总要告诉我，我人生最大的价值是什么了吧？"大法师哈哈大笑说："你明天再把这块石头拿到古董店去卖，照例有人还价，你就把它抱回来。这一次，师傅一定告诉你，你人生最大的价值是什么。"

　　第三天一早，小和尚又抱着那块大石头来到了古董店，依然有一些人围观，有一些人谈论："这是什么石头啊？在哪儿出土的呢？是哪个朝代的呀？是做什么用的呢？"傍晚的时候，终于有一个人过来问价："小和尚，你这块石头多少钱卖啊?"小和尚依然不声不语,伸出了两个指头。"200元?"小和尚睁大眼睛,张大嘴巴,惊讶地大叫一声:"啊?!"那位客人以为自己出价太低,气坏了小和尚,立刻纠正说:"不!不!不!我说错了,我是要给你2000元!""2000元!"小和尚听到这里,立刻抱起石头,飞奔回山上去见师父,气喘吁吁地说:"师父,师父,这下我们可发达了,今天的施主出价2000元买我们的石头!现在您总可以告诉我,我人生最大的价值是什么了吧?"

大法师摸摸小和尚的头,慈爱地说:"孩子啊,你人生最大的价值就好像这块石头,如果你把自己摆在菜市场上,你就只值20元钱;如果你把自己摆在博物馆里,你就可值200元;如果你把自己摆在古董店里,你却价值2000元!这就是你人生最大的价值!"

这个故事是否启发了你对自己人生的思考?你将如何定位自己的人生呢?你准备把自己摆在怎样的人生拍卖场去拍卖呢?你要为自己寻找一个怎样的人生舞台呢?不怕别人看不起你,就怕你自己看不起自己。谁说你不能取得非凡的成就?除非你自己!没有人能够给你的人生下任何的定义。

你选择怎样的人生平台,将决定你拥有怎样的人生。一个人,要获得更大的发展,就要不断地为自己寻找更大、更高的平台!

明确自己的目标

要想成功,就得制定一个奋斗目标。但是,目标并不是不切实际地越高越好。每个人都有自己的特点,有别人无法模仿的一些优势。只有好好地利用这些特点和优势去制订适合自己的高目标和实施目标的步骤,你才可能取得成功。

对每个人来说,在实施目标时,只有当每个步骤既是未来指向的,又是富有挑战性的时候,它才是最有效的。

大多数人可能都有过打篮球的经历,也都知道与踢足球相比,打篮球投进一个球比踢足球进一个球要容易很多。你想过其中的原因没有?其实,这与篮球架的高度有关。我想,要是把篮球架做两层楼那样高,你进球可就不那么容易了。反过来,要是篮球架只有一个普通人那么高,进球倒是容易了,但你还会去玩它吗?

正是因为篮球架有一个跳一跳就够得着的高度,才使得篮球成为一个世界性的体育项目。它告诉我们,一个"跳一跳,够得着"的目标最有吸引力,对于这样的目标,人们才会以高度的热情去追求。因此,要想调动人的积极性,就应该设置有着这种"高度"的目标。所以,洛克定律又可称作"篮球架"原理。

我们可以为自己制定一个总的高目标,但一定要为自己制定一个更重要的实施目标的步骤。千万别想着一步登天,多为自己制定几个篮球架子,然后一个个地去克服和战胜它,久而久之你就会发现,你已经站在了成功之巅。

俄国著名生物学家巴普洛夫在临终前,有人向他请教如何取得成功,他的回答是:"要热诚而且慢慢来。"他解释说"慢慢来"有两层含义:做自己力所能及的事;在做事的过程中不断提高自己。

也就是说,既要让人有机会体验到成功的欣慰,不至于望着高不可攀的"果子"而失望,又不要让人毫不费力地轻易摘到"果子"。"跳一跳,够得着",就是最好的目标。

在佛教经典《法华经·化城喻品》中讲了这样一个故事:很久很久以前,有一位导师带着一群人去远方寻找珍宝。

由于路途艰险,他们晓行夜宿,很是辛苦。当走到半途时,大家累得发慌,便七嘴八舌地议论开了,打起了退堂鼓。导师见众人这样,便暗施法术,在险道上幻化出一座城市,说:"大家看,前面不就是一座大城!过城不远,就是宝藏所在地啦。"

众人见眼前果然有座大城,便又重新鼓起劲头,振奋精神,继续前行。就这样,在导师的苦心诱导下,众人历尽千辛万苦,终于找到了珍宝,满载而归。

奋斗目标越鲜明、越具体,就越有益于成功。如果一个人一辈子只做一件事情,那么那件事情一定是一件精品,或许会流传久远。

有人通过调查研究结果表明,那些具有清晰且长远目标的人,几十年来都不曾改变过自己的人生目标。他们怀着自己的人生梦想,朝着一个方向不断地努力,最后他们几乎都成了社会各界的成功人士,有创业者、社会精英等。

如今,一些年轻人目标模糊或者说从来都没有目标的人,他们几乎都生活不太如意,也没有什么特别的成绩且生活在社会的底层。

这充分说明了,目标对人生的深远影响,达到目标是实现梦想的重要步骤。

如果一艘轮船在大海中失去了舵手,在海上打转,他很快就会耗尽燃料,无论如何也达不到岸边。如果一个人没有明确的目标,以及为实现这一明确的目标而制订的计划,不管他如何努力工作,都会像失去方向舵的轮船。

所以,做事必先树目标,只要有了目标,努力便有了方向。亦会集中精力,所想和所做也能相吻合,避免做无用功。为了实现目标,也就能始终处于一种主动求发展的竞技状态,充分发挥主观能动作用,能精神饱满地投入学习和工作中去,而且能够为达到目标而有所弃,一心想学,因此,能够尽快地实现优势积累。

古语云:千里之行,始于足下。我们都要有脚踏实地的苦干精神。而能长久保持你苦干热情的最好方法,就是为自己制定一系列的"跳一跳,够得着"的阶段性目标。要是这些都完成了,那么成功还会远吗?

让别人需要你

　　人们总是对自己所爱的、尊敬的朋友,发自内心地关怀他们,期盼他们能幸福安乐。如果不能秉持这种心情,你也就无法取悦对方。人生价值的体现,便是这种思念对方的心情。有了这种心情时,至于该如何遣词用字,自然也就能一目了然了。取悦人们的心理,谁都会有,然而,在人与人交往的实际场合,真能知晓如何取悦他人的方法者,并不多见。

　　事实上,你可以通过掌握一些简单、自然、平常和易学的技巧,来提高自己的价值。只要你坚持不懈地去实践,你就可以成为一个被别人需要的人。

　　1. 要做一个平易近人的人,和别人打交道要轻松自如。也就是说,在别人和你打交道的时候,不要让人有一种紧张感。据说,有的人"你很难同他打交道",他很难接近。这往往是一个在交往中难以克服的障碍。一个平易近人的人很好相处,而且言谈举止都很自然。他会营造一种舒适、愉快、友好的氛围,和他在一起,不会像戴着一顶破旧的毡帽、趿拉着一双破烂的鞋子、穿着一件宽大破旧的袍子一样,尴尬难堪。一个表情僵硬、冷漠、毫无反应的人,是难以融于一个集体之中的,而他往往是一个桀骜不驯的、不合群的怪物,你确实不知道该如何和他打交道,你也难以揣摩他的内心世界,不知道他会对你的言行做出怎样的反应。喜欢上一个这样怪僻的人,确实不是一件很容易的事情。

　　2. 善解人意,体贴别人。一个体贴别人的人,总是设身处地为别人着想,不让别人紧张、拘束,更不会让别人尴尬难堪。据说,莎士比亚就具有善解人意的神奇能力。在和人交往的过程中,他就像一条变色龙,能根据交往对象的不同特点,随着时间、地点的变化,进行应变。文学批评家威廉·哈兹里物指出："莎士比亚完全不具有自我,他除了不是莎士比亚之外,可以是其他任何人,或是任何别人希望他成为的人。他不仅具备每种才能以及每一种感觉的幼芽,而且他能借着每一次的命运改换,或每一次的情感冲突,或每一次的思想转变,本能地预料到它们会向何方生长,而他就能随着这些幼芽延伸到所有可以想象得出的枝节。"

3. 能够仔细分辨别人的意图、动机、心情、感受和思想。也就是说,一个社交能力强的人,必定会是盘算的人,他们会考虑到自己行为的后果,会盘算别人的可能行为,会计算自己的利益和损失,而所有这些盘算,都是在相关因素可能变动的情况下做出的。因此,只有认知能力较强、善于察言观色的人,才能在复杂多变的情况下,做出这些盘算来。这种人际交往智慧每个人都具有,关键是怎样使之不断增强,怎样把它们在生活中发挥出来。

4. 不断克服自身的弱点。如果你不是和别人打交道很轻松自如的人,建议你对自己的性格做一些研究,考虑任何消除你在交往过程中可能存在的自觉的、不自觉的紧张情绪。一定要注意,不要把别人不喜欢你的原因归结到别人身上。

相反的,你应该在自己身上找原因,而且要下决心找到解决问题的方法。要做到这一点,就必须非常诚实,敢于解剖自己,甚至还需要一些性格方面的专家的帮助。那些在你的性格方面的所谓"不利因素",或者说"弱点",可能是你多年的生活习惯养成的,也可能是由你年轻时候的生活态度发展而来。

或许,你还一直把它们作为"自卫"的武器来使用,殊不知,它们却在无意之中伤害了别人。不管这些性格的"弱点"是如何产生的,只要你对它们进行科学的分析,意识到了进行性格优化的重要性,通过一套对性格进行转变的训练,你是完全可以克服这些弱点的。

在一个人的性格转变过程中,学会为别人祝福是非常重要的。因为当你为别人祝福的时候,你就是在调整自己的心态,改变对别人的态度。这样,你和别人之间的关系就上升到了一个新的高度,**以心换心,以爱换爱。当你向别人袒露出最美好的感情的时候,别人也会向你袒露出最美好的感**

情。当这种最美好的感情彼此相遇并且融合在一起时,一个更高层次上的相互信任,相互理解也就建立起来了。你也就在尘世中建起了"天堂"。

不要再浪费时间去为你在人际关系方面的失误作辩解,而要把这些时间用于完善自身的性格,去赢得别人的友谊。因为和谐的人际关系是成功生活的最重要的条件。

如果你还没有建立起和谐的人际关系的话,你不要认为一切都不可改变,你应该采取明确的步骤去解决这一问题。只要你愿意为此付出努力,你完全可以改变自己,成为一个知名度很高、受人喜爱、受人尊敬的人。

只有付出才杰出

在一个又冷又黑的夜晚，一位老人的汽车在郊区的道路上抛锚了。她等了半个多小时，好不容易有一辆车经过，开车的男子见此情况二话没说便下车帮忙。

几分钟后，车修好了，老人问他要多少钱，那位男子回答说："我这么做只是为了助人为乐。"但老人坚持要付些钱作为报酬。中年男子谢绝了她的好意，并说："我感谢您的深情厚谊，但我想还有更多的人比我更需要钱，您不妨把钱给那些比我更需要的人。"最后，他们各自上路了。

随后，老人来到一家咖啡馆，一位身怀六甲的女招待员即刻为她送上一杯热咖啡，并问："夫人，欢迎光临本店，您为什么这么晚还在赶路呢？"于是老人就讲了刚才遇到的事，女招待听后感慨道："这样的好人现在真难得，你真幸运碰到这样的好人。"老人问她怎么工作到这么晚，女招待说为了迎接孩子的出世而需要第二份工作的薪水。老人听后执意要女招待员收下 200 美元小费。女招待员惊呼不能收下这么一大笔小费。老人回答说："你比我更需要它。"

女招待员回到家，把这件事告诉了她的丈夫，她丈夫大感诧异，世界上竟有这么巧的事情。原来她丈夫就是那个好心的修车人。

这故事讲出这样一个道理：种瓜得瓜，种豆得豆。我们在"播种"的同时，也种下了自己的将来，你做的一切都会在将来的某一天、某一时间、某一地点，以某一方式在你最需要它的时候回报给你。

在报酬法则之外还有另外一种超额报酬法则，也就是说："只要你在提供服务上多下功夫，你的回报一定会增加。永远多走一里路，永远做多理所应当做的,不断地付出多余你所当付出的,你就一定会获得倍增的补偿"。

宇宙是圆的,想得到爱,先付出爱,要得到快乐,先献出快乐,你播种终会收获,只问耕耘不问收获的人,没有什么事情做不成,也没有什么地方到不了。

任何一份私下的努力,都会有双倍的回收,并在公众场合被表现出来。

魔力悄悄话

付出和得到都是实实在在的,只是看我们的愿望和要求处于什么标准。当结果大于付出或者高于期望时,你会得到一份惊喜,反之则是一种沮丧。不管结果是小好大好,哪怕是不如意,我们都应该坦然面对现实,以平和的心态接受,这才是一种成熟的心理。

建立强大的自信

那些真正认识自己的人才找到了自己,而那些缺少正确认识的人终究会成为迷失了的灵魂。把自己想象得很伟大,在不久之后,你就真的会变得伟大。将恐惧驱逐出去,这样你的心里就会充满自信。如果你相信自己的能力,那你就会在自身中发现新的能力。人生是一种可能性。它是一面巨大而宽阔的屏幕,空白一片,时刻准备着反映你头脑中的形象和想法。如果你把自己看成一个渺小的毫不重要的人,一个环境任意摆动的玩具,那你的人生就会朝着那个方向发展。如果你清楚地意识到自己的力量并把自己与其他人平等地看待,那么生活就会向你展示出一个发明家、一个开创者。打开你的眼界,释放你的灵魂。让一切美好的、善良的、创新的思想源源不断的涌入;让一切恐惧、自卑、脆弱、仇恨、虚弱、丑陋的音符统统远离。最后,把那些干扰你、折磨你的扭曲的图景彻底清除。

生活是一条奇妙的旅程,充满曲折与转角,正如我们每个人所学到的那样,许许多多的失败于意想不到的时刻发生,在成功已唾手可得之时却功败垂成;请不要放弃,尽管前进的脚步看上去很慢,然而,也许在下一步你就会看到成功。

对于软弱踟蹰的人来说,事情往往比他们想象中容易的多,奋斗中的人们也总是在半路遗憾地因为放弃而错过,尽管,他们已经嗅到成功奖杯中玉液琼浆的甘甜滋味。当事实的帷幕缓缓降临,悔恨为时已晚,他与金色王冠的距离竟是近如咫尺,却无力摘得。

成功是失败的转身,怀疑的阴云背面闪耀着银色的光彩,你永远不会知道自己与成功有多么接近,当它看似遥远时,也许已经很近;所以,即使当你遭受严重的打击,也请努力坚持,不到无可挽回万不得已之时绝不选择放弃。

人以群居，所以我们的喜悦和悲伤，或多或少会受到周围人的影响，而人们对我们的看法，也会相对影响到我们对于自己的看法。

一个自我形象良好、尊重自我价值的人，往往能将别人对自己的看法和态度处理得比较好。当别人对他有看法时，能适度地拿来检讨自己；当别人对他不真实或蓄意、恶意批评时，也能调整适应得很好而不致受到太大的影响。

"自信"，可以让自己从内心真正地喜欢自己、欣赏自己，让自己活得自在，和别人相对得自在；"自在"，则可以将环境对自己的影响程度降到最低，甚至在状况不是那么好的环境中一样能够感到快乐。

所以自信的人所受到影响程度相对比较低，因为，他们很清楚自己是怎么样的人，他们知道"做人做事但求无愧于心"，别人的批评和流言只是一时的。

自信的人习惯把事情往好的方向解释，走在路上别人注意看他时，他会想或许是因为自己看起来很有精神，或是对方很欣赏自己；当别人对他有比较多的要求时，他也会倾向是对方因为自己的能力比较强，所以分派比较多的工作给他。

相反的，缺乏自信的人总是把事情往坏的方向思考，当别人注意他时，他会敏感地认为自己是哪里不对劲；当别人主动亲近他时，他会想自己没有什么特别杰出的地方，对方不知道是有什么目的；甚至当上司或主管有比较多的要求时，他会倾向认为自己太差了，对方才会找他麻烦。

对人自信，对事自在，凡事有着自己执着的方向，凡事清楚自己所要的结果，无论身处何地，无论和什么人相处，都能游刃有余，心之所至，快乐自然随之而至。

积累你的人脉

人脉如同血脉,四通八达、错综复杂的血脉网络,是人的生命赖以存在的基础。血脉即经脉。简称脉。

在人们追求事业成功和幸福快乐的生活过程中,同样也存在一个类似血脉的系统,我们称它为人脉。如果说血脉是人的生理生命支持系统的话,那么人脉则是人的社会生命支持系统。

人脉如同树脉,一棵小树苗要想长成参天大树,成为栋梁之材,必须要有粗壮厚实的根脉供给大地的营养,必须要有充足丰富的支脉和纤细纵横的叶脉供给自然的空气、阳光和雨露。

人脉与人际关系有着千丝万缕的联系。经营人际关系是面,经营人脉资源是点;人际关系是花,人脉资源是果;人际关系是目标,人脉资源是目的;人际关系是过程,人脉资源是结果。

可以这样说,没有人脉资源落地生根的人际关系是空泛的、毫无任何意义的人际关系,而人脉资源的开花结果则依赖于良好的人际关系基础、人脉资源对人生成功的意义。

1. 人脉是事业发展的情报站在这个信息发达的时代,拥有无限发达的信息,就拥有无限发展的可能性。信息来自你的情报站,情报站就是你的人脉网,人脉有多广,情报就有多广,这是你事业无限发展的平台。

2. 人脉是事业成功的助推器,我们每一个人都希望自己有一个生命中的"贵人",在关键时刻或危难之际能帮我们一把。

打开我们机遇的天窗,让我们拨云见日,豁然开朗,直接进入成功的序列和境界。他可以大大缩短我们成功的时间,提升我们成功的速度,使我们站在巨人的肩膀。

3.人脉是个人成长的镜子"不识庐山真面目,只缘身在此山中"。人的最大的敌人是自己。而战胜自己的最有力武器是认识自我,恍然大悟,掌握到真实的自我。

每个人总是在不断开发自己的人脉网络,区别在于成功的人总是比的人具有更庞大和更有力量的人脉网络。

那么,怎样建立你的人脉圈子呢?

1.从身边人着手

每一个人的人脉圈子,首先从对身边亲人的挖掘和积累开始,然后再慢慢到老师、同学、朋友、老乡、同事,最后再突围到更大更高端的圈子。其中,因为熟悉和了解,来自身边的人脉圈子,往往也是最牢固可靠的圈子。

2.结交关键和重要的人物

西方有一则著名的格言:"重要的不在于你懂得什么,而在于你认识谁。"只有不断地认识那些能够改变或帮助你的人,才能构建有用的人脉资源库。

认识关键和重要的人物,当然首先要开放你自己,从各种渠道入手,而不是仅仅局限于你经常所接触的圈子,除非你本身已经是个很高端的人物。比如可以争取以志愿者或义工的身份参与学校各种重要活动、成功人士讲座、校外的会展等,通过交际结识更多杰出人士,有一定积蓄和经验者,就可以多多参与有顶尖人士的会议和论坛。

3.对接触"陌生人"保持开放的心态

我们每一个人,都渴望获得额外的帮助,尤其是在用尽自己资源依然难以取得成功的情况下。但是,如果我们对于接触陌生人和外界社会怀着排斥而非开放的态度,又怎么可能有意外的收获呢?

这其实也就是我们人际交往的开发能力。

当然,对认识"陌生人"保持开放心态或者说喜欢人际交往,并不是要轻易相信陌生人,或者到处滥交朋友。

4.维护好人际关系网络

如何把接触的圈子中人转化为人脉资源?如何将圈子的人脉资源转化为事业资源?这里,最关键的是维护好人际关系网络。

美国前总统的西奥多·罗斯福曾说："成功的第一要素是懂得如何搞好人际关系。"

如何维护和管理我们的人际关系网络？这是一门复杂的艺术，比如：填写记录卡片，保持背后的忠诚，特殊日子的祝福，保持沟通和会面的渠道等都是很不错的方式方法。

天底下只有一种方法可以影响他人，就是提出他们的需要，并且让他们知道怎样去获得。成功的人际关系在于你捕捉对方观点的能力。能设身处地为他人着想，了解别人心里想些什么的人，永远不用担心未来。

提升自我价值

美国的希尔顿曾经举过这样一个例子:一块普通的钢板只值 5 美元,如果把这块钢板制成马蹄掌,它就值 10.5 美元;如果做成钢针,就值 3350.8 美元;但如果把它做成手表的摆针,你猜猜它的价值可以攀升到多少美元呢? 猜不到吧? 价值 25 万美元!

其实每个人都是一样的,最初都可能是一块普通的钢板,只值 5 美元。但最后有的经过锤炼,就变成了马蹄掌,价值翻了一倍多;有的则经受了更多的精心打磨,最后成了价值更高的钢针;而那些经受种种翻来覆去的残酷打磨敲击成为手表的摆针的,价值已是当初的五万倍,不想成为人中之龙也难了!

看来,你首先应该明白的是:你拿自己做什么? 是做钢板、马蹄掌、钢针还是手表的摆针? 价值越高,经受的磨难和需要付出的就越多。明白了这一点,你才会明白应该怎样去做好自己的事!

什么是自我价值? 自我价值就是对自我的肯定,对自我的接纳程度和喜欢程度。

为什么要提高自我价值? 我们胆小、懦弱,害怕被拒绝,缺乏自信和勇气,其中一个主要原因就是自我价值低。

提高自我价值,其核心就是——使自己喜欢自己。不曾拥有,如何付出,一个连自己都不喜欢的人,绝不可能喜欢别人,什么责任、爱心都是空话。

提高自我价值,增强自信,关键就是个心态问题。

因此,最有效的方法是心理暗示,积极的暗示。

人们的意识,会产生一种"心理导向效应",即人的内心都会有一种强烈的接受外界暗示,通过语言、形象的传播媒介树立形象的欲望。

心理学家做过一个实验,把两组完全相同的人像,一组人像下写上"凶恶""残暴""阴险""狠毒"等消极的词语,另一组的下面则写上"正直""勇敢""坚强""无私"等积极的词语。

然后请两组测试者分别对两组人像作职业估计。结果前一组人像的职业估计大多是"罪犯""歹徒"等,后一组的职业估计则多是军人、警察等。

因此,我们用"语言",用"图像"在我们的心上写什么,我们就将是什么。暗示不可抗拒,就因为它"暗",潜移默化。比如言词化自我激励(暗示)。

我们常说"言必行",意思是说话要算数,说过就要做。其实这句话还道出了更深一层意思,就是语言有着非常明显的暗示和自我暗示作用。

即只要"说"出来了,就一定会对行为产生影响。因为"说",也是一种心理强化。无论是说积极的话或是消极的话(特别是经常说),要想全部抹杀掉它的结果,是不可能的。

我们都有这样的经验,当痛苦万分,无法排遣的时候,对人倾诉,痛苦就会减轻许多。比如基督教等宗教,当一个人内心有"罪恶"感而难以自拔,采取的办法就是向"主"忏悔,说出来,以减轻负疚感。

另外,当我们为某事"夸下海口"时,多少都会为该事做出努力,甚至是最大的努力。因为说出来了,就有压力,就是动力,有个言行一致的信誉问题。这就是心理作用,这就是暗示。

日常生活中,马上就可验证,一个经常说消极语言的人,决不会积极向上;反之,积极奋进的人,说的话则多是积极的。

因此,经常用自我激发性的话提醒自己,久而久之,便会融入自己的身心,抑制消极心态,保持积极的心态,形成强大的内动力。据国内外专家研究,有效的言词比如:我喜欢我自己! 我是负责任的! 我是最棒的! 我一定要成功! 今天将有最好的事发生在我身上!

这样的言辞,亦可根据各人的实际情况和需要而自我设定,总的目的,就是要提高自信,激励前进,不怕失败。

可以经常对着山水、旷野或在屋内高声喊叫或琅琅颂扬或者不停地默诵,日久必见成效。表面看,这似乎有些"形式主义"实际上形式达到一定的"量",一定能引起"质"的变化。

西藏密宗的修炼方法之一,便是不停地默诵经文。据说,当默诵至十万遍以上时,便会显见神奇效果,使人身心登堂入室,别见洞天。

著名的霍桑实验表明,生产效率的高低除受作业条件和劳动条件影响外,在更大的程度上取决于士气的高低。人们往往通过一些特殊的方法,使其行为刺激人的心态来调节士气,使其行为按自己的意志发展。

士气,是军队之本。比如从古至今军队出征前,都要开誓师大会,举行宣誓等。当千军万马用共同的声音喊出"胜利"时,这句话就成为一种巨大的能量,一股强大的心理动力。

无论对自己,还是对别人,我们都要充分运用语言的暗示作用,进行积极暗示。

什么是自我价值?自我价值就是对自我的肯定,对自我的接纳程度和喜欢程度。提高自我价值,增强自信,关键就是个心态问题。因此,最有效的方法是心理暗示,积极的暗示。

第三章
坚定你的梦想

实现目标需要脚踏实地，所以需要一个可以立足和扎根的平台，就像把种子从心中取出种在现实的土壤中，然后你需要的是要用你的智慧和汗水去浇灌它，这个过程很艰辛，需要的是你的坚持，除了坚持你没有别的办法。但是请注意，坚持不是痛苦的忍受，你需要在努力过程中寻找属于自己的快乐，快乐也是梦想成真必须的养分。总之，一个有意义的人生需要梦想，继而为梦想确定目标，然后打造一个平台，为梦想种子找到一片扎根的土壤，最后你需要做的就是快乐的坚持，终有一天你会看见梦想之花绽放的绚丽。

让梦想起航

每一个人来到这个世间都有自己的使命要去完成,这种使命在幼时也许只是朦胧中一个梦想,但是不要紧,不要压抑它,不要抛弃它。

年轻时,你也许为了生存可能会暂时会放下心中的梦想,但是梦想的种子还在。只要条件成熟,梦想的种子就会发芽。

人生道路一开始觉得很漫长,进入中年开始感叹其实很短暂。不管是漫长还是短暂,只要有梦想,梦想就像一盏灯,始终照你前行,你就不会迷茫,也不会无聊和寂寞。

正如《当幸福来敲门》的主人公所说:如果你有梦想,你就要呵护它!

但是仅仅呵护是不够,如果要把梦想变成现实,你需要确定一个一个的目标,而每一个目标的达成都是离梦想进一步。

实现目标需要脚踏实地,所以需要一个可以立足和扎根的平台,就像把种子从心中取出种在现实的土壤中,然后你需要的是要用你的智慧和汗水去浇灌它,这个过程很艰辛,需要的是你的坚持,除了坚持你没有别的办法。但是请注意,坚持不是痛苦的忍受,你需要在努力过程中寻找属于自己的快乐,快乐也是梦想成真必需的养分。

人世间每个人都有一种属于自己的活法,一种属于自己的人生轨迹,一种别人都无法复制的个人生活经历,每个人都是一个故事,每个人都是一本别人永远都读不懂的书,读不完的经典,生活正因为有着众多的精彩与传奇故事,因而才倍显丰富而神秘。

人,活着,总爱做梦幻想,七情六欲主宰着每个凡身肉体,欲望无止境。

一路走来,有太多的人生感悟想说,却又不知从何说起,有太多的瞬间值得铭记,希望把它们都一一深深地溶入生命的脉搏里,鲜活的生命因为注入了太多的岁月激情与感动,太多的欢乐与哀痛,才令生命更精彩,人生更丰盈。

总之,一个有意义的人生需要梦想,继而为梦想确定目标,然后打造一个平台,为梦想种子找到一片扎根的土壤,最后你需要做的就是快乐的坚持,终有一天你会发现梦想之花绽放的绚丽。

人,总是希望自己获得比别人精彩靓丽辉煌快乐幸福,殊不知人生之路太漫长,一路走来,坎坷无数,风风雨雨,酸甜苦辣咸五味俱全,众多滋味在人间。然而因为有梦,我们才义无反顾航行至今。

把信念做人生支点

　　人生是一杯酒,人生是一声号角,人生是进军的战鼓,酒是醇厚的,号角是嘹亮的,战鼓是积极的。花前月下,卿卿我我的人生缺少激情,游戏三昧,超越五行的人生更是消极。

　　人生是一块礁石,虽然海浪无情地侵蚀,他依旧屹立,长年累月的冲击使之更加坚强。我们在汹涌澎湃的大海中,应该为自己的人生寻找一个支点,这样岁月的洪流中才能站得更高,看得更远。

　　曾经拼搏,收获寥寥,坚韧与执着,结局未必称心如意,我们或许可以坦然接受失败,但无法面对心灵的懦弱,可是拒绝了奋斗和坚持,又怎能保持完美的自我,**因此,在人生的道路上失落的时候给人生寻找一个支点,寻找一份自信的力量。告诉自己即使前面荆棘丛生,我们依然有自信勇往直前。**

　　一直以来明白自己的缺陷所在,也相信自己选择的路是正确的,在青春的洪流中,选择了勇敢,选择了坚强,于是我们活的精彩。很多时候,我们遇到挫折,总是怨天尤人,我们害怕失败,害怕一蹶不振,害怕跌倒,所以我们总是过多的去羡慕,而忘记了寻找自己,然而人生是一盘棋,对弈者是自己,只要你有勇气,今天落下了,但是你还有明天,给人生一个支点,用信念去支撑生活,让生活从此不再失衡。

　　阿基米德曾说过"给我一个支点,我就能把地球撬起",我们想说"给人生寻找一个支点,从此不再害怕失败,前方不再迷茫",失意的时候,我们可以安慰自己"天生我才必有用",即使世俗的围墙挡住了我们的万丈豪情,但只要心存信念,也挡不住我们铿锵的步伐;路再坎坷,我们可以告诉自己"沉舟侧畔千帆过,病树前头万木春",即使厚重的夜幕挡住了你满天星斗,只要心存信念,给人生寻找一个支点,那么也挡不住你心中的灯火。

心灵灰暗,人生难免,挫折连连兵家常事,人生不如意常十有八九,要想云开见天日,那么不妨给人生寻找一个支点,在哭过,伤心过后之后,依然昂起头颅,迎接新的太阳,只要心存信念,只要不甘于失败,愿意放手一搏,那么相信总有一天,你会遇到"柳暗花明又一村"的景致。

一路走来,亦得到许多人的关照与扶持,而更重要的是自己的那份信念,那份对人生的执着与追求,一直支撑着我的天空,所以我常在"不畏浮云遮望眼"中有品读一份自信,在"晴空一鹤排云上,便引诗情到碧霄"中寻找一份旷达。

生活的路上常为人生寻找一个支点,心存一份理念,便不再害怕黑夜的来临,有了信念,梦想不再遥远。

气场决定你的境遇

也许你正羡慕身边的那些交际明星或者成功人士,他们春风得意,上司欣赏他们,朋友喜欢他们,同事佩服他们,要什么有什么,不管做什么事都能轻而易举地成功。

嗨,你也可以的。可能有时,你的内心会有一个声音这样说。但你似乎又马上本能地回答自己:"不,我怎么可以呢?你看他那么自信,简直无所不能!我太渺小了!"

如果你一辈子都这么想,那你这一生都将活在羡慕和自卑互相纠结的情绪当中。这样,你的心理就是灰色的,这种灰色的心理让你很难感到自己交到好运气。因为你总觉得你羡慕的人比你走运,他们红得发紫,火得发烫。

这是什么原因?因为你不渴望,不想象,没有勇气作出改变,那些灰色的气场在决定你的境遇。

气场源于某种渴望,这种渴望能促使你有一颗强大的内心。就像希望某件事得偿所愿一样,你的渴望越强烈,就会使那个成功的结果不由自主地向你跑来。这是这个世界的普遍现象:**每个人都有一份独特的气场,无论它给你带来的是好运还是让你讨厌的坏运,总之,它对我们很重要,比整天揣在口袋里的印制精美的名片还重要。**

一个人在幼年的时候,气场就开始逐渐形成。你本身的渴望和存储的力量决定着你的未来,也为你指明了方向,就是说每个人的命运都和他内心的渴望有关。一个人所能取得的人生高度,在很大程度上取决于他在童年时的梦想。不过,很少有人知道另一个同等重要的法则,那就是臣服法则。你只有放弃旧有思维,改变行为模式,彻底反听于内心正确的东西,调动全身的积极力量,才能为你的能量提供足够的空间,来吸引内心的愿望,向一个最终的目标前进。

任何一个人,当你有需要时,就可以通过自身魅力达成愿望。

当目标理想确定时,你的身体马上就开始了行动,帮助调动体内一切力量,抛弃过去与此相悖的所有因素。你的思想做好了准备,就连说话的方式、思维的逻辑基础,都不由得臣服于内心的渴望。

坚持能创造奇迹

每个人都知道龟兔赛跑的故事,也知道这个故事的重要意义。短期内兔子的快跑并不意味着它能赢得比赛的胜利,长期内乌龟的慢行却能为它赢得最后的金牌。所以我们说,人生中最关键的就是要坚持不懈!

有人说,在通往奥林匹克殿堂的过程中,坚持不懈就一定能取得成功。实际上,无论是体育还是人生,坚持不懈都是赢得成功的唯一途径。而这一切,在影片《阿甘正传》中都能找到答案。

出生在美国的阿甘,智商低下,但好在他是一个非常听话的孩子。他始终认为,笨人有笨人的作为。当他被同学欺负,珍妮叫他快跑的时候,他跌跌撞撞地跑了起来,跑散了他记忆中的第一双鞋子。

再后来,阿甘在坚持不懈的奔跑中找到了快乐和安全,乃至幸福的感觉。在不断的奔跑中,阿甘也找到了自己对人生最恰当的表达方式。于是,他跑进了橄榄球队,跑进了大学,跑到了学位。甚至在越南战争的战场上,他仍然牢记珍妮的话,跑回了自己的性命,也赢得了难得的荣誉和友情。

几乎所有看过这部影片的人,脑海里肯定是他永远停不下来的奔跑。这个以奔跑为生命,带有传奇色彩,并把"坚持不懈"写进自己命运的奔跑者——阿甘,带给了世人太多的惊奇和持久的感动。

在这个世界上,只要坚持自己的选择,即使是再普通不过的人,也能够找到真正属于自己的生命轨迹。阿甘不愧是一个奥林匹克精神坚定的见行者,他在用行动告诉人们,只要坚持不懈,生命就充满希望。

成功力——满城尽带黄金甲

在每一届奥运会上,能够做到坚持不懈的不乏其人。而每一届奥运会上的观众,也均会不厌其烦地向那些全力以赴、坚持到底的选手致敬。

1984年洛杉矶奥运会,受到观众最热烈赞扬的可以说是埃及选手阿默德·纳萨了。在现代5项运动赛的马术赛中,他骑着一匹名叫"顺航"的马出赛。但是这匹叫作"顺航"的马并非"马如其名",在跳跃第2个障碍的时候,它居然把阿默德·纳萨从后背上抛了下来,顿时,现场的观众都吓得目瞪口呆。但是,掉下马来的阿默德·纳萨拍了拍身上的土,又迅速爬上马背,可是,不老实的"顺航"随即又把他抛了下来。

这一次,阿默德·纳萨用了很长的时间才重新爬到马背上,好在他并没有再给抛下来。终于,这位不屈不挠的选手完成了比赛,但是已被裁判扣了很多分。出乎意料的是,过了终点后阿默德·纳萨又一次被"顺航"抛了下来。这时候,全场观众都站了起来,真诚地为阿默德·纳萨鼓掌,经久不息。

"坚持就是胜利",这句话对在运动场上奋斗的运动员来说,无疑是最好的鼓舞与激励。

水滴石穿,人贵有恒。爱迪生为了自己的目标,不断地去发明创造,为人类做出了巨大的贡献。在研究灯泡时,一次次的失败都没有将他打倒。没有坚持不懈的精神,白炽灯恐怕不会那么早被发明出来。

无论在风急浪高的远洋考察船上,还是在条件简陋的实验室里,达尔文始终坚持不懈地研究生物学,最终发现了生物进化的规律。

门捷列夫在各方人士都反对他研究的情况下,仍坚持研究,终于制定了完备的元素周期表。

还有法拉第电磁感应定律的提出,孟德尔遗传规律的发现,哪一样不是长期坚持不懈的结果? 由此可见,凡是有所建树者都具备持之以恒、坚持不懈的精神。

所有这些事例都告诉我们,坚持不懈的精神在日常的学习、工作和生活中都是非常重要的。做点事并不难,难的是坚持不懈地做下去。谁能够

坚持到底,谁就能最先看到曙光,谁就能夺取最后的胜利果实。

有一幅漫画,讲一个人挖井。有几次这个人只要坚持一下就可以挖到井水了,可他没有这份耐心,在挖了很多个土坑后选择了放弃。没有坚持下去是他找不到井水的根本原因,也给他造成了终生的遗憾。

人生犹如一个圆圈,但很少有人将它画圆。因为怕吃苦的人太多太多,而天上又不会掉馅饼。所以,那些坐享其成的人总是失去与自己擦肩而过的机会。

人犹如一把圆规,认定一个目标坚定不移地走下去,就可以画出一个圆。付出的努力越多,迈的步子越大,画出的圆也越大。

用坚韧迎接梦想

保罗的父亲留给他一座美丽的森林庄园,他一直为此自豪。可是不幸发生在一年深秋,一道突然而至的雷电引发了一场山火,无情地烧毁了那片郁郁葱葱的森林。

伤心的保罗决定向银行贷款,以恢复森林庄园往日的勃勃生机。可是银行拒绝了他的请求。沮丧的保罗茶饭不思地在家里躺了好几天,太太怕他闷出病来,就劝他出去散散心。

心情烦闷的保罗走到一条街的拐角处,看到一家店铺门口前人山人海,原来一些家庭主妇在排队购买用于烤肉和冬季取暖用的木炭。看到那一截截堆在箱子里的木炭,保罗忽然眼前一亮。回到家后,保罗马上雇了几个炭工,把庄园里烧焦的树木加工成优质木炭,分装成1000箱,送到集市上的木炭分销店,没多久便被抢购一空。保罗从分销店那里拿到一笔钱,在第二年春天的时候购买了一大批树苗,终于经过几年的劳动,他的森林庄园,又绿浪滚滚了。

意志坚韧可以战胜任何挫折,可以让人顽强地面对失败。

我们每个人都有遇到挫折的经历,挫折会让我们感到失败和无助,然后产生自卑感,自我否定,影响我们实现梦想。我们要做的就是让挫折帮助我们解决问题,而不是向挫折屈服。现在紧张的生活节奏让我们经常陷入烦恼和焦虑中,虽然我们不断要求自己提出解决的办法,可是却往往陷入怪圈找不到方向,让我们有消极的感觉,产生挫败感。

只有坚韧能让我们体会到战胜挫折的快乐,而战胜挫折的过程就是保持坚韧状态的过程。面对挫折而不退缩,保持拥有坚韧品德的人,可以面对来自任何方面的挫折而不畏惧。因为你可以把挫折看作是高山,坚韧的意志力会让你登上这座山,并能轻易地翻越它。

我们都知道"有志者事竟成"这个道理,它告诉我们战胜挫折、和挫折作斗争最好的办法就是有坚韧的意志,需要有坚持到底的坚韧意志。

坚持到底需要坚韧。任何意志都不是一时产生的,是需要点滴积累的过程。要培养坚持到底的坚韧,就必须先要做到积极主动地参与,才能做到集中注意力在所做的事情上,才能做到坚持到底。

坚韧需要乐观的心态。乐观的人永远保持着积极向上的心态,永远充满了勇气,所以才能让坚韧坚持到底。

坚韧需要逆境的磨炼。身处逆境可能是一种不幸,可是却能够充分锤炼我们坚韧的意志。因为要摆脱逆境就必须要有坚韧的性格,才能做到摆脱逆境的限制,得到解脱。

坚韧需要自信的帮助。自信是挑战挫折的动力,让我们可以勇敢地挑战挫折,没有自信就是有再坚韧的意志,我们仍然难以成功。自信是支持坚韧的支撑,因为有了自信,坚韧才是有意义的。

坚韧代表了一种积极向上和自信乐观的人生态度,拥有这种态度去生活的人,能接受任何挑战,因为他们是从乐观的角度看待身边的一切的,他们相信风雨之后一定能再见彩虹。面对挫折和失败,你是打算放弃呢?还是作为考验继续努力呢?人的一生不可能只有成功的喜悦,而没有挫折和失败的经历,毕竟"失败是成功之母"。

一个人如果能把挫折和失败看作是生活的挑战,能接受这种挑战,并能重新振作起来,就能朝着既定的目标继续前进,而这个过程就需要拥有坚韧的性格以及不屈的精神。

坚韧代表的是自信和积极的人生态度,这种态度可以帮助我们战胜挫折和失败,战胜一切。坚韧实际上就是一个人如何看待挑战,如何对待属于自己的命运之路。

实现梦想需要我们在心里记住自己的梦想,想着如何实现这个梦想,想着遇到障碍的时候如何应对。暴风雨是可怕的,但只要记得风雨之后就一定有彩虹,那么再大的风雨也阻止不了你的脚步。

成功力——满城尽带黄金甲

只有不畏任何挫折、失败和挑战，拥有坚韧的态度和意志力，才能让你的人生之旅充满风雨之后的阳光。

客观地看待造成挫折和失败的原因。不仅要从自己的角度去找原因，还要学会从不同的角度找原因，这个角度必须是积极的，才能抓住问题的关键。不能把原因归咎于外部的环境影响，或者是自己的粗心大意，要客观地找原因，才能找到解决的办法。了解自己的优点培养自信心。只有了解自己、知道自己的优点、对自己有信心的人，才能不惧面对人生的挑战，积极地表现自我。人的一生会碰到很多自己能力所不及的事，以及无法预知的挑战，只有正确地分析造成挫折和失败的原因，并且敢于大胆尝试，不怕挑战，才能战胜挑战。当我们遭遇这样的挑战的时候，如果无法独自应对，可以与周围人沟通，共同寻求战胜挑战的办法。

培养坚韧的性格首先要有坚定的目标，不因为外部或自身原因而改变自己的梦想，影响自己的目标，并且要有强烈的渴望达到目标的精神，要求自己一定要做到。

坚韧需要自强不息，要相信自己有能力做到，并能做出正确的判断。

有了正确的判断，就可以鼓励自己坚定不移地坚持到底，而不会因为盲目影响了坚韧的意志力。

当把努力和奋斗当作习惯，把人生中的挑战当作习惯，就能自然地让自己采取行动，并且能坚持到底。

坚韧的性格不是天生就能拥有的，要通过后天的训练培养。只有坚韧的人才能坚持到最后，笑到最后。缺少坚韧的性格，即使是天才，也会屈服在各种挫折和失败面前。

铭记最初的梦想

1978 年，有个青年准备报考美国伊利诺伊大学的戏剧电影系。却遭到父亲强烈的反对，父亲的理由是，在美国百老汇，每年只有 200 个角色，但却有 5000 人要一起争夺这少得可怜的角色。父亲的反对没有令青年止步，他一意孤行登上了去美国的班机。

青年从电影学院毕业后，才终于明白父亲当初的用心良苦。因为在美国电影界，一个没有任何背景的华人想要混出名堂来，简直比登天还难！可青年为了自己的梦想，还是耐着性子，帮剧组看看器材、做点儿剪辑助理、剧务之类的杂事，且一干就是 6 年。

青年 30 岁，他梦想的事业连一点影儿也没有，更谈不上而立，甚至连自己的生活都没有着落。面对现实的残酷，青年脑中开始猜疑自己的梦想是否好高骛远。甚至，他也曾想过放弃梦想的念头。

然而，一个成大事的男人背后必定站着一个伟大智慧的女人，青年的妻子在他徘徊期间又燃起了他梦想的激情。从此，他又过上了一段妻子主外，他主内的生活。他每天在家包揽一切家务，负责买菜做饭带孩子。稍有空闲便夜以继日地读书、看电影、写剧本。

闷在家里的日子，青年再次迷惘起来，一个男人靠女人养着，很伤自尊，终于一天，男人抛弃了自己的梦想，无奈地自言一句，还是面对现实吧！

后来，他背着妻子，心酸地报了一门电脑课，准备靠一技之长养活全家，从而平静地做一个平庸的男人。

然而细心的妻子，还是发现了他的心迹，经过几次的相视无语后，终于，一天早晨，妻子在上班登车的一刹那，铿锵有力地扔下一句话："你要永远铭记自己的梦想！"

蓦然，他的心像似被揪了一下，心灵的痉挛使他拨开了庸碌生活的面纱，梦想的灯盏再次在他眼前闪烁。

没过几年，他的剧本得到了基金会的赞助，开始自己拿起了摄像机；再后来，一些电影开始在国际上获奖……

他就是《握手》《喜宴》《饮食男女》《卧虎藏龙》《绿色巨人》等影片的导演，最有影响的华人导演之一的李安先生。

2006 年的《断背山》获得奥斯卡最佳导演奖，当李安先生捧着奥斯卡的小金人，面对闪闪的镁光灯，他泪光闪烁，内心止不住激动时，述说着妻子曾说过的一句话："我一直就相信，人只要有一项长处就足够了，你的长处就是拍电影。学电脑的人那么多，又不差你李安一个！你要捧起奥斯卡的小金人，就要时刻铭记你的梦想！"

时刻铭记自己的梦想，成就了李安先生电影事业的辉煌，幸福地捧起了奥斯卡小金人！倘若，李安先生当初真学起了电脑，放弃了电影梦想，我想，今天他会和众人一样被平庸的生活所淹没。

生活中，我们每个人都有自己的梦想，不同的是，有的人时刻铭记，直至成功；有的人随性而至，紧跟着被世俗、平庸吞噬。这恐怕就是梦想能否成真的关键所在！

时刻铭记你的梦想，实则是掌好驶向成功的方向舵，时时刻刻不被外界的诱惑、无奈、沮丧、困苦所左右；一心一意直视梦想的灯盏，勇往直前！

超越人生的梦想

从前，有一老一少两个相依为命的瞎子，每日靠弹琴卖艺维持生活。

一天，老瞎子支撑不住病倒了。他自知不久将离开人世，便把小瞎子叫到床头，紧紧拉着小瞎子的手，吃力地说："孩子，我这里有个秘方，这个秘方可以使你重见光明。我把它藏在琴里面了，你必须在弹断 1000 根琴弦的时候才能把它取出来，否则，你是不会重见光明的。"

一天又一天，一年又一年，小瞎子将师父的遗嘱铭记在心，不停地弹啊弹，将一根根弹断的琴弦收藏着。当他弹断 1000 根琴弦的时候，当年那个弱不禁风的少年已到垂暮之年，他按捺不住内心的喜悦，双手颤抖着，慢慢地打开琴盒，取出秘方。

然而，别人告诉他，那是一张白纸，上面什么都没有。

听到这个消息，老人反而笑了。

拿着一张什么都没有的白纸，他为什么笑了？

原来，他突然明白了师父的用心。虽然是一张白纸，但是他从小到老弹断 1000 根琴弦后，却悟到了这无字秘方的真谛，在希望和梦想中活着，才会看到光明。

希望就像茫茫大海上远处的一座灯塔，一盏黑暗中指引我们前行的灯，一盏困境中引领我们通往光明的灯。它赐予我们前进的力量，帮助我们坚持到底，迎来曙光。

有时，心存梦想，就一定能有奇迹发生。

在强大的生存欲望面前，挫折算得了什么呢？在永不磨灭的勇气面前，任何困境都不能将心存希望的人们打倒。

成功力——满城尽带黄金甲

人不能没有希望,哪怕是生命的最后一刻,也要咬牙坚持住,相信穿越了当下的苦难就一定能看得见幸福的曙光。

美国作家欧·亨利在他的小说《最后一片叶子》里讲了这样的故事:病房里,一个生命垂危的病人看见窗外的树叶在秋风中一片片的掉落下来。

望着眼前的萧萧落叶,病人身体也每况愈下,一天不如一天。她说:"当树叶全部掉光时,我也就要死了……"一位老画家得知后,用彩笔画了一片叶脉青翠的树叶挂在树枝上。

最后一片叶子始终没有掉下来。只因为生命中的这片绿叶,那个病人也奇迹般地活了下来。

希望和梦想是点燃生命之火的灿烂阳光,希望是我们内心最大的精神寄托。人生如果没有了梦想,也就没有了奋斗、坚持和拼搏。希望之灯一旦熄灭,生活将变得一片黑暗。

人生可以没有很多东西,但唯独不能没有梦想,就像伏尔泰说的:人类最可贵的财富是梦想。

希望是我们生活中最大的力量,只要心存希望和梦想,生命就能生生不息。所以,请一定保护好我们心中希望的那盏灯。

第四章
培养你的"学习力"

　　当学习成为一种习惯,我们不会因工作繁忙而忘记学习,不会因情绪低落而忽视学习,也不会因身处困境而放弃学习。勤于学习、乐于学习、善于学习的习惯一旦养成,人生的品位和追求自然高尚。"海不辞水,故能成其大;山不辞土,故能成其高"。在工作之余挤出一些时间学习,多让大脑汲取知识的琼浆,空虚失落、烦躁不安会大大减少。追求"秉烛夜读书,品茗独炼句"的精神境界,把浮躁拒于心门之外。

　　学习要注重深入思考。恩格斯说:"一个民族,要想登上科学的高峰,就一刻也不能没有理性思维。"

养成学习的习惯

在如今繁忙的世界,要找出时间来学习并不是一件简单的事情,但这不是问题的关键。我们需要学习的是那些值得我们学习的东西。其他的任何事情都是无谓的琐事。尽管有些人很欣赏活到老学到老这句名言,但他们也发现要做到不断学习他们应该学习的东西是一件很难实现的事情。

下面是一些养成终生学习习惯的建议:

1. 要随时携带一本书

你是花一年还是花一周时间来读一本书都没有关系。无论何时何地,你都要尽力找一本书来读,而且可以随身携带,以便你在空闲的时候就可以阅读。我只需要每天缩短几分钟休息的时间,每周就可以读一本书了。这样算来,一年至少也可以读五十本书。

2. 列个"需学习"的单子

我们都应该写个计划单子。上面列的事情都是我们应该努力去实现的目标。要试着制定一份属于自己的"需学习"的单子。在上面你可以写上你对学习一门新知识学习的计划。或许你打算学习一门新的语言,掌握新技巧或者是阅读莎士比亚的著作集。无论你打算做什么,都将你要做的事情记录下来。

3. 结识更多有知识的朋友

与那些有想法的人多接触。有想法的人不一定就是那些很聪明的人,而是那些打算花时间学习新技术的人。他们的习惯会影响你。若他们能和你分享他们拥有的知识,那就更好了。

4. 多多思考

阿尔伯特－爱因斯坦曾经说过"一个人如果读了很多书,但是却没有通过自己的脑子将这些书中所说的东西消化,那么他就是一个懒人。"只是很简单的学习,他们的明智之处是不够的,你需要结合你自己的实际情况来对你所阅读的东西进行消化。花些时间对你所读的书写一些读后日志,思考,消化。

5. 付诸实际

如果不运用,那么学习就没有任何意义了。你阅读一本 C＋＋的书和你编写程序并非一样,看画作和你拿画笔做画也是不一样的。所以,学到了知识就要运用。

6. 整理你所学到的知识

有些知识是很容易消化的,但是我们常常不能抓住其本质内容。你非常重视对你的博客中的读者反馈进行整理。好的博客是新思路的重要源泉。但是,每隔几个月,你都会发现,我从博客里面收集出来的评论只需浏览即可。每隔几个月,对你所学习的东西进行整理,这样就可以节省你的时间将注意力集中在那些对你有益的东西上。

7. 集体学习

终身学习并不意味着你就非得要你自己阅读那些沾满灰尘的书。加入教授科技技巧,研讨会这样的学习团体,这会使得你的学习变成有趣的社会经历。

8. 舍弃旧观念,从新的角度认识问题

你无法向一杯装满水的杯子里加水。对于任一想法我都会对其保持一定的距离。学习太多的信念,反而会使你就无法找到新思路。要积极寻求那些推翻你旧观念的信息。

9. 找一份鼓励学习的工作

找一份鼓励继续深造的工作。如果你所从事的工作没有太多的学术空间,就应该考虑是否要换一份拥有学术学习空间的工作。不要每周花四十个小时在工作上,这样的工作对你而言根本没有挑战性。

10. 做你没做过的事

做些你所不了解的事情。强迫自己去学习这方面的知识也许会是一件有趣和极富挑战性的事情。如果你对电脑一无所知,那就试着组装一台电脑。如果你有美术方面的恐惧，就开始画画吧。

11. 相信你的直觉

终生学习就像在宽阔无垠的原野里漫步一样。你不知道你想要的是什么，在脑中也没有一个最终要实现的目标。让你的直觉来指引你会使你的自我学习变得更有趣。我们的生活已经被一个个有条理的决定占据了，因一时的激动而做决定这样的事情已经不存在了。

12. 早晨十五分钟

利用早上的十五分钟来学习。如果你觉得你睡意未退，你可以迟点进行。但是千万不要推到一天的最后一刻再去做，因为繁忙的工作和活动可能会占据你的学习时间。

13. 收获

学习一些你可以利用的信息。掌握规划的基本知识能够帮助我们解决其他人无法解决的问题。充分利用你所学到的知识解决问题，你会因此而骄傲的。

为了生命的过程而学习。其实，学习就是成长过程之关键。成长中一定需要学习，人都要在学习中成长。当国家和你们的家庭为你们提供如此好的学习条件的时候，你们更应该珍惜这个机会。

人生需不断"充电"

电瓶、剃须刀、手机需要定期充电,以便电量充足确保正常使用。同样人也需要不断地"充电",才能更好地生活、工作。那么人们需要怎么"充电"呢?不用说,人们都知道学习提高是人们最好的"充电"方式。可以向书本学习,向身边的人学习,在实践中学习,总之,学习提高的方法很多。

向书本学习即读书,古人说"书中自有黄金屋,书中自有颜如玉,书中自有千钟粟。"英国十六世纪著名哲学家、散文家培根说:"读书为学的用途是娱乐、装饰和增长知识。"读书能陶冶情操,忘掉烦恼;读书能学习辞令,变化气质;读书能增长才识,提高处世能力。培根认为,知识是人们自我完善的重要手段,有知识的人才是高尚的人、聪明的人。培根还说:"除了知识同学问以外,尘世再没有别的权力可以在人的心灵同灵魂内,在他们的认识内、想象内、信仰内,建立起王位来。"培根认为,知识是对事物及其发展规律的研究、发现和解释构成的,熟悉并掌握这些规律,便有了掌握和驾驭自然和社会的力量。知识的力量是一般的经验所不能比拟的。知识就是力量!正如培根所说的那样,自古及今,一切有建树的人,无不是通过读书提高获得知识,增长智慧的。

自己在这方面的体会是很深的,一段时间,如果认真读书了,就会感到视野开阔,想象丰富,思维敏捷,写作得心应手。如果没认真读书,就会感到思维受限,孤陋寡闻,明显觉得力不从心,很多稿子想写,却难以动笔,即使动笔,写出的东西也不能令人满意。时代在发展,社会在进步,我们的国家、事业需要我们不断学习提高,以应对飞速发展的时代的需要。不学习就要落后,不认真学习就要被淘汰。新的一年里,自己订了《山西文学》《黄河文学》《散文选刊》《故事林》《少年文艺》《文学故事报》《古今故事报》

《山西日报·时尚周末》。计划先好好读一阵书再说。认真读书,才会感到充实,努力读书,将会有所提高,也才能对得起时间,对得起人生。

人生需要不断学习:学会放弃,有些人永远不属于自己,那么就痛快的放手,别拖泥带水,这样不但连累别人,也拖垮自己。学会忘记,不能活在过去的时光中,记忆已经逝去,继续现在的生活。学会坚强,其实一个人也可以活得漂亮,自己笑给自己看,自己哭给自己听。学会认真,认真的对人,认真地对事。

现代社会竞争激烈,工作和生活节奏加快,常常成为人们懒于学习的借口。面对浮华喧嚣的世界,许多人忙于觥筹交错、娱乐休闲,甚至沉迷于灯红酒绿、声色犬马。常常忘记了在心灵深处铺展一湖静水,让莲影荷香浸润自己的思想。

且不说映雪、囊萤的古人何等好学,近现代史上众多名人无不是由于善于学习和思考成就了一番伟业。

"腹有诗书气自华"。读书,会使人睿智聪慧,谈吐不凡;读书,会使人超然物外,豁达大度;读书,也会使人且行且思,高瞻远瞩。读书的人由内而外散发着一种独特的气质与魅力,超凡脱俗,卓尔不群。

现代社会中学习的方式和手段有很多。除了读书、阅览报刊、杂志外,收看电视、上网查询资料、参加各类补习班以及有意义的沙龙、聚会等等,也有利于学习。通过交流、学习,交换智慧的果子,收获甘醇和芬芳。

当学习成为一种习惯,我们不会因工作繁忙而忘记学习,不会因情绪低落而忽视学习,也不会因身处困境而放弃学习。勤于学习、乐于学习、善于学习的习惯一旦养成,人生的品位和追求自然高尚。"海不辞水,故能成其大;山不辞土,故能成其高"。

在工作之余挤出一些时间学习,多让大脑汲取知识的琼浆,空虚失落、烦躁不安会大大减少。追求"秉烛夜读书,品茗独炼句"的精神境界,把浮躁拒于心门之外。

学习要注重深入思考。恩格斯说:"一个民族,要想登上科学的高峰,就一刻也不能没有理性思维。"理性思考凝聚着思想的精粹,是基于学习的反思和总结。勤于学习、善于思考,会使自身的素质和精神升华,达到较高境界。

在人类的发展史上,古希腊先哲的人文主义思想闪耀着智慧的光芒。泰勒斯探索、思辨自然规律,对广袤的星空充满向往。以普罗塔格拉为代表的智者学派把研究重点转向人类,并提出:"人是万物的尺度",衍生了朴素人文主义。

著名哲学家苏格拉底崇尚知识,提出"知识即美德"。

亚里士多德在学习柏拉图的同时进行了理性思考,提出:"吾爱吾师,吾尤爱真理"……

在历史长河中,无数智者以其勤奋的学习、严谨的态度,探寻人类和世界的发展规律,提出深邃而富有哲理的思想。

人生如蓄电池,需要不断充电,不断释放能量。一本好书,一句名言,一个哲理,一种品质,都如点点星光,照亮我们前行的路。

做个有心之人,不断探索,不断学习,不断思考。在生活和工作中快乐地向前。

当学习成为一种习惯,"修身、齐家、治国、平天下"会由信念转化为自觉的行动,从而成就我们美好的未来。

年轻之道在学习

每个人都想变年轻，与其花费巨资整形、变脸，不如"学习"来得有效益。过去我们都说"活到老、学到老"，现在我则认为，年轻之道，在于学习。学习是最好的抗老化药方，保持学习，就是年轻之道，一旦停止学习，就是衰老的开始。

每个人都拥有不同的专业与长处，也各有适合其发挥的舞台，在一项任务中，必须整合多人的专才方能发挥综效才可成功。而在这合作的过程中，我们往往看到拥有专业者都陷在自己的框架中，在既有领域各执己见，无法与他人达成共识。而在这当中，能够跳出框框，设身处地为他人着想，并产生整合效益的人，就是人才，否则就只是专才，可惜的是，在现实社会上，专才很多，人才很少。

生命并不要求我们出人头地，只要求我们尽最大的努力。扪心自问，你在现有的工作，已经尽了最大的努力吗？我们并不相信。我们相信的是，每个人都有无限的潜能，只要你愿意，永远可以做得比现在更多，也做得比别人更好，只是不愿跨出既有的舒适圈，去面对挑战，去接受新的任务。

固步不前就是落后，尤其身在现代社会，工作形态已然改变，不能再像过去可以找到一份工作后，安稳直至退休。

伟大发明家爱迪生珍惜时间的故事至今令我们印象深刻。有一次爱迪生在实验室工作，随手将一个没有灯头的电灯递给自己的助手，让他测量灯泡的容量。只见助手在用软尺费力地测量灯泡的周长、斜度以及高度等，然后伏在桌子上用这些数字进行推算。爱迪生着急了："时间，时间，怎么那么费时间呢？"于是他走到助手面前，拿起灯泡向里面注满了水，立刻便测出了灯泡的容量，爱迪生最后喃喃地说道："人生太短暂了，要节省时间，用更少的时间办更多的事！"人们的学识可以越来越渊博，阅历可以越来越丰富，财富可以越来越丰盈，但是人们所拥有的时间总是在越来越少。

我们每个人都有这样一个户头：每天每人都会有新的 86400 秒进账。唯一不同的是这个账户每一秒钟都在不断的流逝当中，只有真正地利用好每一秒钟，才能抓住这笔财富。那么面对这样一笔随时都在流失的财富，你打算怎么去抓住它呢？科学的时间管理能让我们抓住这笔财富！

时间管理是对时间进行计划并在最短的时间或是预定时间内把事情办好。它是个人管理的一部分，本质上是在管理个人，也就是如何更有效地安排好自己的时间，产生最大的使用效率。

爱迪生说："最大的浪费莫过于浪费时间"。每个人的生命都是有限的，属于每个人的时间也是有限的。时间是公平的，给每个人都是每天 24 小时。人们可以用金钱去换文凭，可以收买人心，可以卖官鬻爵，甚至可以剥夺别人的生命，但却永远也买不到自己的时间。时间如此珍贵，鲁迅先生曾经说过，浪费自己的时间，是在慢性自杀；浪费别人的时间，是在谋财害命。因而我们所有人的时间都是经不起透支和挥霍的。

时间管理的方法很多，最早的时间管理是利用便条、记事本或备忘录来管理时间的。随着科技的发展，人们管理时间的手段有了更便捷更高效的突破。人们开始用商务通事件管理器等工具对时间进行安排、计划。快节奏的社会里，时间就是金钱，人们越来越注重时间观念。对时间的管理也有了新的突破，并逐渐形成一套时间管理的理论体系。

我们自身的资源是有限的，但我们周围的资源是无限的，要想成功的人，就要有这种想法：从现在开始，运用自身的资源，运用周围的资源，运用一切可利用的资源，要做到这一点并不难。

处处留心皆学问

高度自我超越的人,会敏锐地察觉自己的无知、力量不足和成长极限,他们力图突破这种极限,不断地发展自身及组织。具备了自我超越,便向成功又迈进了一大步。

人与人之间是一个相互学习的过程,必要的学习是提升自己的一种手段。

有这样一个故事:

张雨和李琦差不多同时受雇于一家超级市场。开始大家都一样,从最底层干起,可不久张雨受到经理青睐,一再被提升,从领班直到部门经理。李琦却像被人遗忘了一般,还在底层混。终于有一天李琦忍无可忍,向经理提出辞呈,并痛斥经理狗眼看人,辛勤工作的人不提拔,倒提拔那些吹牛拍马的人。

经理耐心地听着,他了解这个小伙子,工作肯吃苦,但似乎缺了点什么,缺什么呢? 三言两语说不清楚,说清楚了他也不服,看来……他忽然有了个主意。

"李琦……"经理说,"你马上到集市上去,看看今天有什么卖的。"

李琦很快从集市上回来说,刚才集市上只有一个农民拉了一车土豆卖。

"一车大约有多少袋,多少斤?"经理问。

李琦又跑去,回来后说有 40 袋。

"价格是多少?"李琦再次跑到集上。

经理望着跑得气喘吁吁的他说:"请休息一会吧,看看张雨是怎么做的。"说完叫来张雨对他说:"张雨先生,你马上到集市上去,看看今天有什么卖的。"

张雨很快从集市上回来了,汇报说现在为止只有一个农民在卖土豆,有40袋,价格适中,质量很好,他带回几个让经理看看。这个农民过一会儿还将弄几箱西红柿上市,据他看价格还公道,可以进一些货。他想这种价格的西红柿经理可能会要,所以他不仅带回了几个西红柿做样品,而且把那个农民也带来了,他现在正在外面等回话呢。

经理看看脸红的李琦,诚恳地说:"职位的升迁是要靠能力。不过眼下,你还得学一段时间,看看别人都是怎么做的。"

这则小故事在告诉大家以能论职的同时,也明白地告诉我们,要想提高自己的能力,必须学习,向他人学习。

在民间,父亲训斥子女不会办事时,常说这样的话:"你没吃过肥猪肉,你还没见过肥猪走吗? 人家别人是怎样办事的,你就没看到? 你就学不会?"这样的话虽然有点难听,但却清楚地点明了一个简明而实用的常理:那就是通过观察,可以学到很多办事的能力。

当然,一个人办事是否周全、细致、圆滑,固然与他天生素质有关系,但这不是绝对的素质问题,有很多东西都是经过后天的学习、培养、锻炼出来的。

常言说,处处留心皆学问。生活中,工作中,我们身边能说会道、会办事的人很多,他们的言行举止都应该是我们所注意观察和学习的。看他们怎样与经理说话,看他们怎样求同事帮忙,看经理怎样给下属安排工作,怎样批评下属等等。然后,动动脑筋分析一下他们为什么这样做,观察一下这样做所达到的效果怎样。成功方面的,我们应尽量去借鉴、吸收,失败方面的,我们尽量去避免。

著名美籍华裔舞蹈家孟某对上海某大酒店的一位门厅服务员,就曾做过细心的观察。他第一次到该酒店,这位服务员向他微笑致意:"您好! 欢迎您光临我们的酒店。"第二次来店,这位服务员认出他来,边行礼边说:

"孟先生,欢迎你再次到来,我们经理有安排,请上楼。"随即陪同孟先生上了楼。时隔数日,当孟先生第三次踏入酒店大门时,那位服务员脱口而出:"欢迎您又一次光临。"孟先生十分高兴地称赞这位服务员:"不呆板,不机械,很有水平!"

这位服务员当受如此表扬。他并非学舌鹦鹉,见客只会一声"欢迎光临",而能根据实际情境的变化运用不同的客套话,表现出他对工作的热爱和说话的艺术。

显然,这位服务员的服务水平是值得他的同行们去观察、学习的。也只有向这样能够随机应变的人学习,才会使自己的说话能力、办事能力得到提高。

香港著名富豪李嘉诚就非常注意培养他的儿子观察学习别人的说话艺术及办事能力。每当有重要的会议,会见重要的客人,处理企业的一些问题时,他总是让儿子在一旁观察、倾听、领会。也正因为他对儿子的悉心培养,才使得他的两个儿子在今天从容地支撑并发展起他的经济王国。

平常,我们观察学习他人的机会很多,亲自锻炼的机会也很多。在家庭里,来了客人,怎样应酬才能让客人满意;在企业里,看客户怎样与经理洽谈;到酒店里宴请客人,看服务员如何招待等等。只有处处留心,认真观察学习,才能提高我们的办事能力。

观察是获取一切知识一个首要的步骤。眼见为实的前提是我们善于观察,能够做到辨伪存真,去粗取精。"处处留心皆学问",经验是一点一点观察得来的结果。

模仿学习成就卓越

独特并不是独一无二，而更多的是一种综合，一种借鉴。

很多人问成功有捷径吗？如果你认为捷径就是一步登天，这样的捷径当然是不可能有的。其实真正的捷径就是少走弯路，少走弯路就是捷径。

凤凰卫视《世纪大讲堂》节目，有次邀请著名经济学家林毅夫讲座。林毅夫是一位富有传奇色彩的经济学家。他曾是国民党军队的连长，后来只身偷渡从金门游泳到厦门，日后考上了北大，又去了美国哈佛考取了博士学位，当时是我们国家经济智囊团的成员。

当我们在大力提倡民族创新精神时，林毅夫却认为现阶段中国重要的不是创新而是模仿。因为创新要投入巨大的财力物力，因为是创新，走别人没走过的路，因此失败的可能性也很大。而模仿是将别人成功的经验直接拿来，省力省钱，又不会走弯路。日本经济高速发展的经验不也证明了模仿的优越性吗？美国为什么提倡创新，因为她走在世界的最前列，无处模仿。中国的捷径就是模仿，将先进国家的成功经验模仿来用。

善于学习是一种能力，是人生中一种很重要的能力。

其实人生成功也是这个道理，善于学习中一种很重要的能力就是模仿，要学会模仿。

这就是懂得学习和模仿的效果。在一个人的成长阶段，薪资应是第二位的，重要的是要为成功的人工作，为适合自己发展的单位效力，并从中学习经验，然后拷贝这种成功，这就是捷径。

台湾巨富辜振甫出身于富商家庭，但他年轻时隐姓埋名，只身去了日本，从公司最基层的员工干起，学习日本企业的管理经验，为日后管理家族生意打下了基础。

比尔·盖茨在华盛顿大学商学院的演讲中曾对学生建议:"我不认为你们有必要在创业阶段开办自己的公司。为一家公司工作并学习他们如何做事,会令你受益匪浅。"

我们从小就有着梦想,勤奋学习,努力工作,总想着实现自身的价值,过上好日子,难道我们工作就是为了这每月的一二千元工资吗?最后我们终将每日为生活操劳,为一些繁杂的琐事费心。

我们工作的目的是为了自己能有更好的发展,因此要为成功者工作,要找一项能适合自己发展的工作,要能在工作中不断地学习进步,积累经验,为我们日后的发展打下基础。

有人觉得,总跟在别人后面亦步亦趋,没有创新,会成功吗?

模仿不是要你简单地照搬,模仿是一种综合,是一种扬弃。没有模仿,哪来创新?有位哲人说:"这个世界上没有发现,只有找到,因为你发现的东西早已存在那里,你只不过是找到它罢了。"大清著名的学者纪晓岚,他从不写书,只是编书,他认为所有的思想古人都已有了,你只要整理汇编出来就行了。

学习别人的,但最终却是为了变成自己的。这就好像阳光照耀着树木,但是树木还是以树木的方式生长,而不是以阳光的方式。

想和聪明的人在一起,你就得聪明;而善于发现别人的优点,并把它转化成自己的长处,你就会成为聪明人。想和优秀的人在一起,你就得优秀;而善于把握人生的机遇,并把它转化成自己的机遇,你就会成为优秀者。学最好的别人,做更好的自己。借人之智,成就自己,此乃成功之道。

在学习中改变

如果你想要成功,你就必须要改变! 如果你不改变,你就只能像你以前那样,平平庸庸,碌碌无为。

有一条小河流从遥远的高山上流下来,经过了很多个村庄与森林,最后来到了一处沙漠。它想:"我已经越过了重重的障碍,这次应该也可以越过这个沙漠吧!"

当它决定越过这个沙漠的时候,它发现它的河水渐渐消失在泥沙当中,它试了一次又一次,总是徒劳无功,于是它灰心了。"也许这就是我的命运了,我永远到不了传说中那个浩瀚的大海。"它颓丧地自言自语。

这时候,四周响起了一阵低沉的声音,"如果微风可以跨越沙漠,那么河流也可以。"原来这是沙漠发出的声音。小河流很不服气地回答说:"那是因为微风可以飞过沙漠,可是我却不行。"

"因为你坚持你原来的样子,所以你永远无法跨越这个沙漠。你必须让微风带着你飞过这个沙漠,到达你的目的地。只要你愿意放弃你现在的样子,让自己蒸发到微风中。"沙漠用它低沉的声音这么说。

小河流从来不知道有这样的事情,"放弃我现在的样子,然后消失在微风中? 不! 不!"小河流无法接受这样的概念,毕竟它从未有过这样的经验,叫它放弃自己现在的样子,那么不等于是自我毁灭了吗?"我怎么知道这是真的?"小河流这么问。

"微风可以把水气包含在它之中,然后飘过沙漠,到了适当的地点,它就会把这些水气释放出来,于是就变成了雨水。然后这些雨水又会形成河流,继续向前进。"沙漠很有耐心地回答。

"那我还是原来的河流吗？"小河流问。

"可以说是，也可以说不是。"沙漠回答，"不管你是一条河流或是看不见的水蒸气，你内在的本质从来没有改变。你会坚持你是一条河流，是因为你从来不知道自己内存的本质。"

此时在小河流的心中，隐隐约约地想起了自己在变成河流之前，似乎也是由微风带着自己，飞到内陆某座高山的半山腰，然后变成雨水落下，才变成今日的河流。

于是小河流鼓起勇气，投入微风张开的双臂，消失在微风之中，让微风带着它，奔向它生命中的梦想。

我们生命的历程也像小河流一样，想要跨越生命中的障碍，达到自己想要的成就，也需要有放下自我、改变自我的决心与勇气，这样才能迈向未知的领域，达到生命的不断成长！

如果我们不改变，我就会像那条小河一样，消失在茫茫沙漠中。

要让事情改变，先改变自己；要让事情变得更好，先要让自己变得更好。一个人如果不先改正自己的缺点和不足之处，使自己成为一个人格高尚、道德完善的人，就很难获得成功，更谈不上去影响去改变别人。正如英国一位国教教主所说：我年少时意气风发，踌躇满志，当时曾梦想要改变世界，但当我年事渐长，阅历增多，我发觉自己无力改变世界，于是我缩小了范围，决定先改变我的国家。但这个目标还是太大，我发觉自己还是没有这个能力。接着我步入了中年，无奈之余，我将试图的对象锁定在最亲密的家人身上。但上天还是不从人愿，他们个个还是维持原样。当我垂垂老矣，我终于顿悟了一些事：我应该先改变自己，用以身作则的方式影响家人。若我能先当家人的榜样，并影响他们，也许下一步我就能影响我周围的人，进而就有可能影响或者改善我的国家，将来我甚至可以改造整个世界，谁知道呢？

人活在世上的任务首先改变自己，进而改变世界。如果周围的人对你不友善，而你不去修正自己，改正自己的不足之处，即使你换个环境也没用；如果你的做事效率提不高，你不去改变做事的方法和态度，即使换了一

件事也没用。只要你一改变,生活也会随之改变。

美国成功学演说家金·洛恩说的这么一句话:"成功不是追求得来的,而是被改变后的自己主动吸引而来的。"

我们之所以没有成功,是因为在我们身上存在着许多致命的缺点,如自私、傲慢、急躁、没有明确的人生目标、缺少自信、做事情不脚踏实地、没有耐心等等,这些缺点严重制约了我们的发展,如果我们不改正这些缺点,就不可能取得什么成就。

我们应该常对自己进行了深刻的检讨,发现自己身上存的不足和缺点,并把它们列出来,然后,采取了改进措施,只有这样我们才能发生了改变,由此我们才能一天天地向成功迈进。

第五章
积极面对问题

　　人生在世，谁都会遇到挫折，适度的挫折具有一定的积极意义，它可以帮助人们驱走惰性，促使人奋进。挫折又是一种挑战和考验。英国哲学家培根说过："超越自然的奇迹多是在对逆境的征服中出现的。"关键的问题是应该如何面对挫折。

　　人们都希望自己的生活中能够多一些快乐，少一些痛苦，多些顺利少些挫折，可是命运却似乎总爱捉弄人、折磨人，总是给人以更多的失落、痛苦和挫折。

　　生活的快乐与否，完全决定于个人对人、事、物的看法如何。你的态度决定了你一生的高度。

培养你的正向思考力

当正向思维时，我们的大脑就会处于积极活跃的状态。它会使我们的情绪变好，思维速度快速运转，让问题迎刃而解。成功者大多具备这种思维方式，因而对渴望成功的人来说，都希望获得正向思维的能力。

从成功者的身上，我们可以看到"理想"的导向作用，"信念"的驱动作用，而这些都是人的思维。人们的差异其实源于思维的差异，思维的差异决定行为的差异，从而最终决定结果的差异。因而，人们对成功秘诀的探讨开始转向伟人的思维方式上，由此我们发现这些正向思维并非仅存在于他们获得成功的那段时期，而是贯穿于他们的整个生命，也即当他还不名一文时他就具有正向思维的能力。随着时间的累积，这种能力逐渐强化，最终成为一种习惯。

正向思维就是热情、快乐、自信、乐观，也是积极主动、广交朋友、热爱生命、接受变化。而这些是所有人都能做到的，因而正向思维并不是天才才仅有，学会正向思维其实并不困难。

能否培养正向思维能力与性别、年龄、文化程度和家庭背景并没有太大的联系。每个人都有正向思维的能力，也都可以通过培养加以掌握和运用。

1. 正面思维是人脑固有的机能

人人都具有正向思维是因为人人都有思维的能力，正向思维是思维的一种方式，既然人有思维能力就必然能正向思考问题。

法国的心理学家库耶曾说："我们的身体里蕴藏着难以估计的力量，若使用不得法，它会给你招来一次又一次的伤害；假若有意识地引出这种力量的话，就能很好地驾驭自我，不但会主动地避开肉体和精神上的疾病，还可以帮助他人,从而实现适合于自己的幸福生活。"也即说,正向思维是人的一种潜力,而这种潜能正是我们大脑的一种固有机能,因而我们随时都可以发掘并很好地利用它。

无论是什么人,都有正向思维的能力,唯一不同的是人们能否去调动它、激活它。人们在遭遇失败或是挫折的时候会不自觉产生悲伤、消沉、嫉恨、愤怒等情绪,这些都是负面思维控制我们的表现。这时候,我们往往更加难以挖掘正向思维。

我们的大脑机能其实都是一样的,智商很高但却不成功的人到处有,而智商平平的成功人士却非常多。两者间最大的区别就在于他们的情商不同,而情商其实就是人们正面思维的一种品质。所以,不能获得成功不是因为你脑子不如别人好使,而是因为你不会正确使用自己的脑子,不懂得正向思考。

我们要用正向思考来激励自己,相信自己是最棒的。宏碁集团创始人施振荣神奇地将一家玩具厂变成一家高科技公司,他是怎样做到的呢?答案是他所拥有的冒险精神。他甚至大声地告诉别人:"做梦是不犯法的,人脑就是用来做梦的。"

2. 人人都具有正向思维的能力

每个人都可以通过自己的努力来获取正向思考能力。正向思考创造了人们的梦想、信念,磨炼了人们的意志,最终支撑着人们走向成功的彼岸。

人们常常会将荣耀的家庭背景看作是决定成败的重要因素。的确,良好的家庭背景有助于人生的一帆风顺,但这并不意味着我们在贫困面前就无能为力。

课堂上,老师给出一个题目:我的梦想是什么?马术师的儿子在作文中描述了自己的梦想:他想拥有一个带豪宅的牧场。

为了让别人一目了然,他还附了一张设计图,上面明确标出了马厩和跑道的具体位置。

老师给学生打了一个零分,原因是这位学生没有良好的家庭背景,文章中的描写永远也不可能发生。他考虑重新打分,于是让这名学生进行修改。这名学生经过反复考虑,仍然坚持了自己的想法,可想而知,他的作文成绩还是不及格。

20年后,仍旧拿着微薄收入的这名老师带着学生去参加夏令营,地点是一个巨大的牧场,远远望去牧场将近占地800多亩,成千匹的纯种马奔驰于牧场中,豪华的别墅矗立于牧场中央,而牧场的拥有者就是20年前那名作文不及格的学生。

孩子的梦想往往是单纯的,这也是孩子的天性,然而上述故事中的老师却要扼杀学生的天性,过早向他们灌输腐朽的社会价值观。但是这些根深蒂固的价值观并未在孩子们心里落下种子,他们纯粹的思想更易拥有正向的思维。

贫困的人同样可以对生活抱有希望,穷人向贫困抗争改变自己命运的行为就是一种正向思维。

人们常常认为良好思维能力是随着知识的丰富和教育的增长而逐渐培养起来的。的确,许多人的活跃思维能力都是从学校教育中获取的,但这并不代表没有受过良好教育的人就不具有这种能力,文化程度不高的人当中同样有很多获得了成功。

3. 养成正面思维的习惯

正向思考能影响个人的性格和气质,使他们一眼望上去就神采奕奕,容光焕发。他们能积极地面对人生,能获得所有人都梦寐以求的成功。而常被负面思维所影响的人,则会面容憔悴,满腹牢骚。他们因生活的压力日益悲观消沉,一辈子都生活在彷徨和痛苦当中。这又是为什么呢?不是每个人都拥有正向思维的能力吗?

虽然人们都具有正向思维的潜力,但并不是每一个人都能发掘这种潜力并加以利用。许多成功人士都是靠慢慢培养,日积月累,最终才养成正向思维的习惯。而对于那些经常被负面思维困扰的人来说,培养正向思维更需要长久的坚持和积累。只有慢慢摒弃负面思维,渐渐积累正向的思维方式,我们才能在量变的过程中实现质的飞跃。

成长不分地点，导师不分身份。

正面思维的掌握需要自我把控的能力，这和年龄、出身、文化程度、工作性质等没有必然的关系，人人都能拥有它。

一个人要力争在各个方面都有正面思维，看到别人在某一方面有正面思维，就要学习借鉴，像蜜蜂采蜜一样，博采众长。

有正面思维的人就是活教材，他们总是在感染周围的人，要让自己接近这样的人并从中获取力量。

管好自己的嘴巴

很多时候，自己的嘴巴会给自己带来不小的麻烦。古人讲慎言，就是说人说话要多加考虑，切不可信口开河，不知深浅，没有轻重。

一个人说话前应该打好腹稿应该说的话则说，不应该说的话绝对不能说，这看似十分简单的道理，做起来却一点也不简单。可以说，会不会说话关系着事情的成败，个人的安危，人生的命运。

古往今来，因为说错话而招致灾祸的例子不胜枚举。尤其是在古代政治斗争中，党派林立，说话稍有不慎就会大祸临头。现代社会因为说错话，说不当的话，说不负责任的话而给自己带来不好的影响和结果的例子也屡见不鲜。

说话是学问，会说话更是学问。一个受人喜欢的人，别人夸奖他时往往说这个人会说话。可见，会说话不仅是一个人的优点，还是对一个人为人处世有方法不莽撞的褒奖。相反，不会说话往往会犯下错误，祸从口出，言多语失，招来别人的反感，有时候还会因你的言语过失而给你带来沉重的打击。

中国古时候有一个皇帝认为自己的王国是最强盛的，任何东西都是世界第一流的，尤其制作的绳子更是当世无匹。但是一群外国商人认为他们的绳子不结实，而自己的绳子才是第一流的，于是他们就四下里散播中国绳子不如外国绳子的言论。

这个皇帝知道后非常气愤，就派人把这群商人和散布传播流言的人抓了起来，同时判处商队的头子以绞刑。

行刑的那一天，商队头子被绑在绞刑架上，绞刑开始了，他不住地挣扎,左摇右晃,不肯乖乖就范。突然,用于绞刑的绳子被他弄断了,他猛地摔在了地上。

在当时,如果行刑时遭遇到这样的情况,会被认为是上天在保佑犯人,犯人将得到赦免。

商队头子确信自己将会得到皇帝的赦免,得意忘形,向着围观的人群大声喊叫道:"看到了吧,你们王国的绳子就是这么差劲,连个人都吊不住!你们什么都不会制造,甚至是小小的绳子!"

监斩官将绞索断裂的消息告诉了皇帝,皇帝一听虽然气愤不已,但祖宗定下的规定不能破坏,于是就御笔亲题想要赦免商队头子。

不过皇帝问道:"绳断以后那个家伙说了什么没有?"

"陛下,"太监说,"他说我国的绳子就是差劲,连个人都吊不住,我国什么都不会制造……"

皇帝一听气上加气,把赦免令撕了个粉碎,大声说:"好,既然这样,就让我们证明事实与他想的正相反吧!"

第二天,商队头子再一次被推上了绞刑台。这一次,绳子没有断。

商队头子冒犯了皇帝,遭到意外的赦免之后,不仅没有见好就收,反而不知深浅地揶揄皇家的绳子,结果皇帝知道后改变了赦免他的主意,商队头子最终难逃一死。

事情原来可以不是这样的,商队头子本来很有运气,吊到绞索上还能收获意外的赦免,但是他最后却死在自己的嘴巴上。

管好自己的嘴巴才能说明你是个聪明人,俗话说"祸从口出","东西可以乱吃,话不可以乱说"。

初入新环境,最要紧的是管好自己的嘴巴。

初来乍到,摸不清人们间的亲疏远近、人员脉络,切不可妄言,即使有人对你亲切有加,有人对你远而敬之,在不清楚别人的心理定位时,千万不能轻信你的直觉。亲切之后或许包藏祸心,远而望之的或许对你赞许有加。

尤其在你一帆风顺、心情舒畅、精神放松、最容易对别人产生信任之时,也是最容易麻痹之时,这时候更应该管住你的嘴巴。稍有不慎,你随口说出的话也许就被别人曲解传到别人的耳朵里。

祸从口出,在社会这个是非江湖上,管好自己的嘴巴,的确是一大生存法则。

不要以为仅仅是一句话而已,一句不适当的话却可能给你带来你不希望的改变或结局。因此,说话要慎重。

勇敢面对人生低谷

　　每个人，不管他是谁，不管他出身如何背景如何，在他漫长的一生中，都会遇到一个又一个的低谷，或是失业，或是某考试未通过，或是经济窘迫，身无分文……

　　即使他毕业后或者说他人生的起始阶段是一帆风顺，顺利找到好的体面的工作，顺利成家拥有人人艳羡的伴侣、聪明伶俐的孩子，也很难讲在他而立之年后不会再有其他的一些挫折困难，无论是什么挫折如何低落，我们要做的应该是坦然面对。

　　没错，你出身名校，你在学校为优等生、年年拿特等奖学金，你是所有老师心中认为将来必定会成为高级白领、高管的骄子，你是所有同学羡慕嫉妒恨的目标，你甚至是父母的全部期望，是整个家族乃至整个家乡父老乡亲的骄傲，你的光芒无限，这让你一度认为在你面前是条金光大道，红毯已铺起，鲜花布满，掌声雷动，只等你走上了，即使你没有这么想，等今后你面对挫折时，你还会觉得你是从天之骄子变成了被天遗弃的人。

　　"天将降大任于斯人也"也是你自我安慰的一种，可是你又想，你不要"大任"，或者你"心志"已经是苦的极限了，你只需要稳定一点，顺利一点，仅此而已，可是这在你看来所有人都已经拥有的"稳定"你就是无法得到，无论你如何忧伤如何痛苦。

　　在这如无底深渊的痛苦中，我们渐渐的变了，有的人从痛苦的历练中变得成熟，有的人变得消极，也有的人变得极端……

　　在这芸芸众生中，很多人，都要经历各种各样的痛苦，或是落差或是遭遇，也会是别的什么，我们怎么能说，因为是北大清华毕业，我的痛就会比别人的痛更加苦呢？

每个人的挫折都是不能与别人的挫折去比较的,因为每个人的家庭背景、教育环境不一样,性格不一样,他所能承受的东西也不一样,我们要知道的是,每个人都有这样的低谷,如何面对自己的低谷才是我们要考虑的唯一问题。

不要去跟任何人比较。这个世界那么大,全国有十几亿人口,不管你跟人家比什么,你都永远不会是第一。你说你只跟你的同学你周围的人比,为什么要跟他们比呢?你的人生是你的,上天生你,不是为了让你与别人去比较,说一句自大的话,你的路在你的脚下,凭什么要让别人、那些跟你毫无关系的人来影响你的心情。

这个世界只有三件事,老天的事,别人的事,你的事。你做好你自己的事不就好了?他们——曾经的那些朋友、同学,假如你们还有友谊,便珍惜这份友谊,闲暇时喝喝茶聊聊天也就罢了,你们愿意互相帮忙那自然好,不愿意,也不必介意。

至于你的现阶段,你试过很多种方法,可是暂时你都无法挣脱这个低谷,那就在这个低谷待着吧,既来之则安之,你要做的是冷静下来,搞清楚自己到底要的是什么,要走的是哪条路,你未来的方向是什么,终极目标是什么,然后努力的继续学习,或者看看书,哪怕看看闲书,陶冶陶冶性情也好。

你不想看书,也可以找些其他的悲伤情绪宣泄口,例如运动爬山,越是在最糟糕的时候,你越要爱着自己宠着自己,让自己至少是身体健康的、博学的、淡然的,管别人怎么看,让那些嘲笑你的人看不起你的人使劲笑吧,你过好你当下的每一天,如果你愿意,可以让你的父母理解你当下的处境,如果你不愿意,那就不要说。

假如,像你悲观的时候想象的那样,就这么一直痛苦下去了,那又如何?

那是我们的命运,只要我们真的用心的努力过、全心的想要改变过,我们就已经尽了人事,剩下的那是老天的事,老天既然安排我们成为一棵草,巧不巧的我们生在玫瑰丛中并且以为自己也是玫瑰,可我们确实是那棵草,那就当颗草吧,草能成为玫瑰吗?玫瑰也成为不了草!

成功力——满城尽带黄金甲

　　面对着这个以及将来的一个又一个低谷,我们淡定面对吧,谈笑间,我们的内心要愈加强大,终有一天,我们说不定也可以做到谈笑间樯橹灰飞烟灭,那时,再回头看看这些低谷,或许正是我们成功的垫脚石。

　　你要永远相信,你的人生也就是你的心电图,你会有高峰也会有低谷,这个低谷对你来说漫长了点,但只要你耐心等待,终有一天它会顺势上升。

学会调控坏情绪

一个人的心情、心境不好，主要是不良情绪作祟。自控力强的人，掌握着情绪；自控力弱的人，情绪掌握人。掌握情绪的人是智慧型的人，是成熟的人，他们都有一些对不良情绪进行自我调控的非常有效的方法，兹择几条以飨读者。

1. 自我安慰法。这是掌握情绪的人的显著标志。他们在情绪不好的时候，往往采用此法，不用人们的劝说和解释，更不用去看心理医生。大多数人都有这样的体会：遇到什么烦心事儿，别人不劝的时候，并不会再引起情绪波动，当别人劝说的时候，反倒情绪更加波动，倒叫他生出许多的新的情绪来，东拉西扯的，又链接出很多的枯枝烂节。其实，自己安慰自己倒是一种情绪调控的明智之举。

现实生活中，我们常看到这样的情形：两个人在大街上因为一点小事吵了起来，本来可以彼此道歉，心平气和，一说了之。可是围观的人中就有不怕事儿大的，好像是在劝说："算了吧，看你的小样，你也打不过他，吃点儿亏算了，吃亏是福。""我看这事不是你的错，看你长得膀大腰圆，好像有些怕他。"于是围观的人就会看到火上浇油的效果，两个人的情绪都被调动起来……如果两个人有一个人能后退一步，安慰自己：谁还不会犯个错；有什么大不了的……那就会息事宁人，皆大欢喜。

2. 语言暗示法。无论自己的情绪如何激动，把握情绪的适当程度就显得非常重要。这时，明智的人会在心里暗暗给自己打气：情绪过激会影响自己的工作、影响自己的为人；暴怒会产生不良的后果；得意忘形会有损身份等等。应该"战略上要藐视，战术上要重视。"这其中的实质性问题便是，找到暴怒的放气阀，而不是随便扎破暴怒的气囊。让怒气慢慢地泄掉，而不是像爆炸了的气球,"粉身碎骨"。

3.环境变换法。环境对人的情绪、情感有着重要的影响力和制约作用。因此,变换一下环境能起到调控情绪的作用。当你情绪激动的时候,扭身走人,换个环境,就会产生意想不到的效果。俗话说,眼不见心不烦,道理就在这儿。

4.运动驱赶法。情绪会在人的运动中自然消失或衰退。当你情绪不好的时候,去户外慢跑或散步等等,会使你的心情慢慢舒展,继而变得心情舒畅起来,不好的情绪被驱赶掉或大部分被驱赶掉。

驾驭情绪,需要自身的努力,也需要他人的理解和配合。提高自控能力,做情绪的主人,就显得非常重要。一个人能否在复杂的人际关系中游刃有余,能否成功,情绪是一个不可忽视的问题。

远离牢骚、抱怨,同时遇事多找内因,不怨天,不尤人,爱岗敬业,多付出,多奉献,体现在"学习正能量""职场正能量""生活正能量"上,就能成为一个"正能量"的传递者。

虚怀若谷　迎难而上

人生在世,谁都会遇到挫折,适度的挫折具有一定的积极意义,它可以帮助人们驱走惰性,促使人奋进。挫折又是一种挑战和考验。关键的问题是应该如何面对挫折。人们都希望自己的生活中能够多一些快乐,少一些痛苦,多些顺利少些挫折,可是命运却似乎总爱捉弄人、折磨人,总是给人以更多的失落、痛苦和挫折。

草地上有一个蛹,被一个小孩发现并带回了家。过了几天,蛹上出现了一道小裂缝,里面的蝴蝶挣扎了好长时间,身子似乎被卡住了,一直出不来。天真的孩子看到蛹中的蝴蝶痛苦挣扎的样子十分不忍。于是,他便拿起剪刀把蛹壳剪开,帮助蝴蝶脱蛹出来。然而,由于这只蝴蝶没有经过破蛹前必须经过的痛苦挣扎,以致出壳后身躯臃肿,翅膀干瘪,根本飞不起来,不久就死了。自然,这只蝴蝶的欢乐也就随着它的死亡而永远地消失了。这个小故事也说明了一个人生的道理,要得到欢乐就必须能够承受痛苦和挫折。这是对人的磨炼,也是一个人成长必经的过程。

造成挫折的因素有很多。例如,将奋斗的目标定得过高,能力与期望值存在差距等。另外还包括心理冲突的因素。人在遭遇挫折时,往往会感到缺乏安全感,使人难以安下心来,工作和生活都会受到影响。那么,人在遭受挫折的时候,又应如何进行调试呢? 以下九种方法,不妨一试:

第一,沉着冷静,不慌不怒。

第二,增强自信,提高勇气。

第三,审时度势,迂回取胜。所谓迂回取胜,即目标不变,方法变了。

第四，再接再厉，锲而不舍。当你遇到挫折时，要勇往直前。你的既定目标不变，努力的程度加倍。

第五，移花接木，灵活机动。倘若原来太高的目标一时无法实现，可用比较容易达到的目标来替代，这也是一种适应的方式。

第六，寻找原因，理清思路。当你受挫时，先静下心来把可能产生的原因寻找出来，再寻求解决问题的方法。

第七，情绪转移，寻求升华。可以通过自己喜爱的集邮、写作、书法、美术、音乐、舞蹈、体育锻炼等方式，使情绪得以调适，情感得以升华。

第八，学会宣泄，摆脱压力。面对挫折，不同的人，有不同的态度。有人惆怅，有人犹豫，此时不妨找一两个亲近的人、理解你的人，把心里的话全部倾吐出来。从心理健康角度而言，宣泄可以消除因挫折而带来的精神压力，可以减轻精神疲劳；同时，宣泄也是一种自我心理救护措施，它能使不良情绪得到淡化和减轻。

第九，必要时求助于心理咨询。当人们遭遇到挫折不知所措时，不妨求助于心理咨询机构。心理医生会对你动之以情，晓之以理，导之以行，循循善诱，使你从"山重水复疑无路"的困境中，步入"柳暗花明又一村"的境界。

人生在世，不可能总是春风得意，事事顺心。面对挫折能够虚怀若谷，大智若愚，保持一种恬淡平和的心境，是彻悟人生的大度。一个人要想保持健康的心境，就需要升华精神，修炼道德，积蓄能量，风趣乐观。 正如马克思所言："一种美好的心情，比十服良药更能解除生理上的疲惫和痛楚。"

每一代年轻人都有每一代年轻人的挑战。如果从挑战、困惑角度来说，每一代年轻人都无法说谁更苦。每一代年轻人都这样，这是青春该有的东西，没什么可抱怨的。

消极情绪的积极作用

在日常生活中,消极情绪也具有一定的积极作用,我们没有必要,也不可能完全"消灭"或摆脱消极情绪,正确的做法是努力发挥消极情绪的积极作用。

他连小学都没有毕业就辍学了。他开了一家杂货店,但是因经营不善而倒闭,于是在他后来的 15 年里,一直在努力赚钱好还清债务。他竞选地方公职,两次铩羽而归。他竞选政府参议员,也落选过两次。他每天都要忍受报纸的攻击,据当时媒体统计,全国有一半的民众唾弃他。他相貌丑陋,身体也有很多病痛,在他的总统任内,正是他的国家最动荡不安的时期。即使他发表的演说后来成为千古传颂的名言,但当时的听众不是不在意,就是嫌太短了。但是一百多年来,这个人不知鼓舞着多少世人的心灵,他的名字就是亚伯拉罕·林肯。

林肯的功过自有史家定论,但在他越挫越勇的过程中,支持他坚持下去的许多因素中,挫折也许正是影响他最深的力量,鼓舞着他勇敢地去克服它。所以,每一次挫折都潜藏着成功的元素。

所谓挫折,不过是人生接受教育并使人更臻于完善的第一步。

最近有美国的心理学家发现,事实上所谓的悲观者并非人们想象中那样消极,悲观的情绪很可能比乐观主义更具适应性。有心理学研究表明,在对类似赌博实验的成功概率进行预测时,悲观者预测的数据较之乐观者要准确得多。因此,悲观者更有可能做出正确决策。悲观者之所以具有适应性,是因为他们对压力和危机更敏感,因而常常会未雨绸缪。**在优胜劣汰的自然和社会环境中,危机感是人类以及其他动物赖以生存的心理基础,它能帮助人们调动身体和心理的能量,赢得较高的绩效。**

由此可见，悲观者对挫折有所预期，也更易于积极应对。相对而言，盲目乐观者很容易在危机来临之前高枕无忧；当危机到来时，他们就只好如寒号鸟一般，只剩下念叨"寒风冻死我，明天就垒窝"了；而等到危机过后，盲目乐观者也难以从中吸取到教训。与此相反，悲观者对过去的痛苦往往有着更深刻的记忆，也因此易于从挫折中获得成长。

在人的生命历程中，心理压力和情绪困扰是正常的事情，如何应对情绪困扰就成为影响人的生命质量的重要心理因素。**心理学家认为，人们应对情绪困扰和压力大致有两种方式：一是问题为中心的应对，即采取积极有效的措施来解决问题，这是一种积极策略。**

例如，失业后主动寻找另一份工作；二是情绪为中心的应对，即在面对困难和问题时侧重于减轻或消除由于难题而引起的沮丧情绪。以情绪为中心的应对方式比较复杂，有时可能是建设性情绪，就是积极的应对方式，如通过沟通、合理宣泄、劳作等措施减轻焦虑情绪；有时则可能是破坏性情绪，就属于消极的策略，如遇到困难时采取无谓争吵、酗酒、滥用药物等方式解决问题。

心理学研究表明，乐观者比悲观者更倾向于采取以问题为中心的应对方式。他们要么寻求相关信息，直接针对导致困难的根源，积极尝试解决问题，要么以积极的心态看待眼前的困难，认为自己能够从应对困难的经历中学到很多东西，并能在今后的生命历程中成为一个更有价值的人。

每个人并不一定非常清楚自己平时的情绪状况，只有了解自己的情绪状况，才能够有效地进行心理调节，经常保持好心情。

从积极的角度看一切

现在,有很多人活得很累,过得很不快乐。其实,人只要生活在这个世界上,就会有很多烦恼。

痛苦或是快乐,取决于你的内心。人不是战胜痛苦的强者,便是向痛苦屈服的弱者。再重的担子,笑着也是挑,哭着也是挑。再不顺的生活,微笑着撑过去了,就是胜利。

有很多烦恼和痛苦是很容易解决的,有些事只要你肯换个角度、换个心态,你就会有另外一番光景。所以,当我们遇到苦难挫折时,不妨把暂时的困难当作黎明前的黑暗。只要以积极的心态去观察、去思考,就会发现,事实远没有想象中的那样糟糕。换个角度去观察,世界会更美!

生活的快乐与否,完全决定于个人对人、事、物的看法如何。你的态度决定了你一生的高度。你认为自己贫穷,并且无可救药,那么你的一生将会在穷困潦倒中度过;你认为贫穷是可以改变的,你将会积极、主动地面对贫困。心态决定我们的生活,有什么样的心态,就有什么样的人生。

面对人生的烦恼与挫折,最重要的是摆正自己的心态,积极面对一切。再苦再累,也要保持微笑。笑一笑,你的人生会更美好!

若没有苦难,我们会骄傲;没有挫折,成功不再有喜悦;没有沧桑,我们不会有同情心。因此,不要幻想生活总是那么圆满,生活的四季不可能只有春天。每个人的一生都注定要经历沟沟坎坎,品尝苦涩与无奈,经历挫折与失意。

在漫长的人生旅途中,生活如果都是两点一线般的顺利,就会如同白开水一样平淡无味。只有酸甜苦辣咸五味俱全才是生活的全部,只有悲喜哀痛七情六欲全部经历才算是完整的人生……所以,你要微笑着面对生活,不要抱怨生活给了你太多的磨难,不要抱怨生活中有太多的曲折,不要抱怨生活中存在的不公。当你走过世间的繁华与喧嚣,阅尽世事,你会幡然明白:人生不会太圆满,再苦也要笑一笑!

人只要生活在这个世界上,就会有很多烦恼。痛苦或是快乐,取决于你的内心。有些事只要你肯换种角度、换个心态,你就会有另外一番光景。只要以积极的心态去观察、去思考,就会发现,事实远没有想象中的那样糟糕。换个角度去观察,世界会更美!面对人生的烦恼与挫折,最重要的是摆正自己的心态,积极面对一切。再苦再累,也要保持微笑。笑一笑,你的人生会更美好!从现在开始,微笑着面对生活,不抱怨。

魔力悄悄话

无论人生遇到什么样的际遇,都会有两个机会。一个是好机会,一个是坏机会。如果用乐观旷达、积极向上的心态去看待,那么坏机会也会成为好机会。如果用消极颓废、悲观沮丧的心态去对待,那么,好机会也会看成是坏机会。

第六章
做人做事讲方法

　　谋定而后动就需要在发生问题时沉着镇静,不急于立即采取行动,而是要静下心来冷静地想一想。心急的人往往会不耐烦地催促赶快采取行动,因为他们总是担心时间紧急,再不采取行动就来不急了,其实,越忙就越容易出差错。如果事先没有考虑好,路子没走对,反而会耽误时间。所以,中国古代有句俗话,叫"磨刀不误砍柴工"。先把刀磨快了,看起来耽误了工夫,但是在砍的时候由于刀口锋利,效率高,反而节省了工夫。也像出门开车,事先把地图看好了,顺着标志一路开去,就可以不绕弯路,节省时间。

心存制约留余地

不论你有多么正当的理由,怒火攻心永远是一种失败的表现,属于消极的精神现象。虚火上升,智力下降,形象丑恶,举措失当,伤及无辜,亲者痛而仇者快,这是必然的一连串反应。

"三思而后行,谋定而后动"是克服冲动的最佳良药,是古代先贤留下的不朽名言。这两条警句不但应该让那些冲动型的人熟记,而且也应该让所有中国学子都深刻领悟。

三思而后行,思考些什么东西呢? 思考的是问题的根源和起因。问题发生后,就需要知道发生问题的根源是什么,导致问题的诱因是什么。只有当这些问题的正确答案都找到后,才能考虑解决的方法。

之所以要三思,是因为问题的发生是很多原因导致的,其背景是复杂的,单凭直觉很难得出正确结论,往往需要一段时间的分析归纳或者调查研究,才能理出头绪。而且也有被人制造假象,提供虚假线索的可能,一不小心就有误入歧途的危险。所以,思维必须要精细缜密。思考一遍还不够,还需要检查一遍,然后在行动之前还要复查一遍,确保运行万无一失。

三思以后,在解决问题的方案上,还要再考虑,这就是"谋定而后动"的道理。谋就是计划、方略,是解决问题的方针和策略。只有行动方针确定了,才能采取行动。这种行动方针是经过思考的,而不是那种本能冲动型行动。谋略思考是为了寻找合适的方案。本能冲动型的人总是只想到一种行动,只考虑解决面上的问题,对后续行动和影响却不考虑。仔细考虑对策后,就有可能既把问题解决,又避免了出现副作用。这样才能使问题得到圆满的解决。

谋定而后动就需要在发生问题时沉着镇静,不急于立即采取行动,而是要静下心来冷静地想一想。心急的人往往会不耐烦地催促赶快采取行动，因为他们总是担心时间紧急，再不采取行动就来不及了，其实，越忙就越容易出差错。如果事先没有考虑好，路子没走对，反而会耽误时间。所以，中国古代有句俗话，叫"磨刀不误砍柴工"。先把刀磨快了，看起来耽误了工夫，但是在砍的时候由于刀口锋利，效率高，反而节省了工夫。也像出门开车，事先把地图看好了，顺着标志一路开去，就可以不绕弯路，节省时间。如果慌忙上路，看起来节省了看地图的时间，但是一旦走错了路，可能就会浪费比看地图长很多倍的时间。

虽然说"条条大路通罗马"，但是肯定有最便当、最短路程的捷径。我们不可能一条条地找，然后才发现最短的路。如果事先花时间研究，问清路线，就可以免去在路上摸索的时间，这样一出发就登上最佳的路线。解决问题也是这样，一个问题可能会有许多解决方案，但是肯定有的方案是不好的，有的方案可以省时省事，其中肯定有一个最佳方案。所以，谋定就是要找到最佳方案。

所以，凡是冲动型的人，一定要认识到自己的莽撞行事往往会带来更多更大的麻烦。要时刻记住王蒙的话："在任何处境下保持从容理性的风度。心存制约，遇事三思，留有余地。"让自己成为有勇有谋的人。

实在没有控制住，发了火，生了气，失了态，怎么办？无它，赶快降温灭火。这还算你的一个好处，你的火来得快去得也快，叫作不黏不滞，叫作日月之蚀，叫作迅雷暴雨之后，仍然是雨过天晴。

魔力悄悄话

一定要认识到自己的莽撞行事往往会带来更多更大的麻烦。人做不到无过无咎，但是无论如何也不能将错就错，变本加厉，讳疾忌医。

做事也要讲方法

史蒂芬·马克是个有成就的人。毕业于哈佛大学的他,36 岁时已成为福克斯电视台和福克斯新闻处的总裁。但去年夏天,马克的事业忽然翻船,因为抢了上司的风头,使上司大失面子,他突然被通知"下岗"了。

为什么像史蒂芬·马克这样的聪明人会干这样的蠢事?搞清聪明人为什么会犯自毁前途的错误,有助我们避免重蹈覆辙。以下是聪明人干蠢事的几点缘由:

1. 骄傲自大

聪明人总是比一般人多知道些事情,因此很容易就会以为自己无所不知。

1990 年,有人揭发名校斯坦福大学要纳税人负担一些与政府研究工作无关的开支,例如买了一艘 22 米长的游艇,以及为大学校长唐纳德·肯尼迪的新夫人举行了一个欢迎酒会。可是肯尼迪不认错。他承认曾用公费支付一些"间接研究费用",包括购买餐巾、桌布以及在他住宅里举行一次晚宴的开支。他还说:"我甚至可以理直气壮地说,这屋里每一朵花都应该用间接研究费用来购买。"

肯尼迪用这种狂妄态度处理这宗引起公愤的事,结果是自掘坟墓。"他似乎认为他做的每一件事都是完全正当的——因为是他做的,"斯坦福大学里一个熟悉内幕的人说。不到几个月,肯尼迪宣布辞去校长职务。

2. 孤立无援

一个人如果特别聪明,那么他从小就容易离群索居。聪明的少年会觉得自己和其他儿童格格不入,于是很自然地会物以类聚,只和别的聪明少年交往。

聪明人多半只喜欢和其他聪明人在一起,那本来是好事,可是,当这些人开始倚靠聪明,排斥经验,大事就不妙了。

危险之一就是不愿意承认有改变的需要。当一班聪明人一致同意了一个计划,他们会对这个计划坚持到底,即使其他人都已看到方向错误,他们也不会回头。

要和别人合作顺利,听取别人的意见是非常重要的。可是,有些聪明人因为对思想比他们慢的人不耐烦,不愿听取别人的意见。而这种不耐烦,可能是危险的陷阱。

3. 不顾后果

聪明人脑子里总是在想:"我的下一个高招……"由于他们老是觉得自己无所不知,这些聪明人都喜欢行险招,结果往往是聪明反被聪明害。

4. 过分好胜

许多聪明人都不了解一个简单的事实:在这方面胜人一筹,并不等于在另一方面也一定能成功。

哈佛商学院毕业生维克托·奇亚姆利用电视广告推销他的雷明登产品,赚了好几百万美元。1988 年,奇亚姆收购了职业足球队"新英格兰爱国者"队。可是,经营一支正在挣扎求存的足球队和推销电动刮胡刀完全是两回事,他不久就亏损惨重。到奇亚姆把球队出让的时候,他已经损失了几百万美元。

许多有杰出成就的聪明人都会从这些大错中取得教训。他们愿听别人的意见,不会目空一切。他们积极征求下属的建议,知道自己的弱点在哪里。

双赢的智慧

有一个商人带着两头骆驼穿越大沙漠,手牵着一头可供自己骑用的骆驼,随后跟着的是一头驮运行囊的骆驼。

在炽热的沙漠里行走数日,负载重的骆驼累得几乎迈不动脚步,于是含泪向这一头骆驼求助:"朋友,请帮我分担点行李吧,我实在是太累了!"另一头骆驼说:"咱分工不同,我只负责驮主人呀!"又行了一段路程,负载重的骆驼哀求道:"你若再不帮我一把,我就快累死了!"另一头骆驼根本不予理睬。

终于,负载重的骆驼累垮了,一头栽在沙漠里,含泪死去。主人便杀了这头骆驼,留下骆驼血,剥下其皮毛备用,并随手将这些东西再加上行囊一起放在另一头骆驼背上。

就在快要走出沙漠时,这头骆驼最终还是累倒了。垂危时,看到主人对自己掏出马刀,它真的后悔当初没有去帮助那头早就死去的苦难兄弟。

在我们人生的大道上,在日常生活中,肯定会遇到许许多多的困难。在学习中,遇到难题;在陌生城市里,迷失方向;在做抉择时,感到犹豫……这时我们都需要别人的帮助,要是我们平时不喜欢帮助别人,那么,在自己遇到困难时,可能就找不到朋友帮助了。

正所谓,你想要别人怎么对你,你先得怎么对别人。要是我们都知道,在前进的道路上,搬开别人脚下的绊脚石,恰恰是为自己铺路这样的道理,生活会变得更美好。

成功不要盛气凌人,失败坦然而宽容,这是一种良好的修养,一种伟大的人格。在自己失败的时候,给对手掌声,在别人失败不要落井下石,这才是一种真正的成功。

所谓最好的竞争，就是避免竞争，在竞争中让双方都得益，都有收获。不在同一个生意上往死里争，另辟一条新路，各自都有饭吃。若能两相互补，岂不相得益彰，各有所得，双赢共胜？

双赢，就是你赢我也赢。构建和谐社会，人与自然、人与环境、人与人、个人与群体、个人与国家也要实现"双赢"。

做任何事情都需要双赢的思维和双赢的智慧。过去，"以阶级斗争为纲"，"不是东风压倒西风，就是西风压倒东风"，"胜者王侯败者贼"，只有单赢；如今进入21世纪，单赢思维很难行得通了。

双赢的智慧，就是要明白双赢的条件。

在公正公平的条件下，比较容易实现双赢。在非公平公正的条件下，就必须要有相当的智慧，才能取得双赢。特别是在市场经济中，竞争，无处不在，要追求竞争中的双赢，需要的是智慧，这个智慧就是求同存异、和睦相处、共同发展，诚信合作。

在非公平公正的条件下，会形成一些"潜规则"，一些人利用"潜规则"，用另类的"双赢"的智慧，搞另类的"双赢"。如污吏卖官鬻爵，钻营者卖身投靠，"贡献"财色，污吏得到了"贡献"，钻营者得到了"官帽"他们也"双赢"了。在当今社会生活中，这种"潜规则"条件下的"双赢"还不少。

双赢的智慧，就是要营造双赢的条件。双赢的条件不是先天就有的，要从制度、法律、法规上营造公平公正环境，建立公平合理的游戏规则，同时还要破除产生另类"双赢"的潜规则。

双赢的智慧，就是要明白：世界上也没有绝对的双赢，双方中总有一方相对吃亏一些，贸易的双方，不是买方多花钱，就是卖方少赚钱。要实现双赢，就要从整体着眼从长计议，合作互补，互利互惠，所谓"吃得亏打得堆"，才能双赢。

双赢的智慧，就是要知道：双赢不是一厢情愿的事情，它需要双方的平等对话，诚信合作；需要自己的强大和足智多谋。

双赢的智慧，告诉人们：甲乙双方的双赢，有时会损害到丙方（甚至丁方）的利益。所以，做事当利己不损人，最好利己又利人，也应该做点利人不利己的事情(如见义勇为、捐款等),不能做损人利己的事情,最不应该做的是损人又不利己的事情,损人利己是一种单赢智慧,为社会道德法律所不容。这样的"双赢"弄不好就会双输,因为党和人民不允许这样的"双赢"现象存在。

双赢,这是我们的大智慧。

优劣是在比较中得以显现的,而补人之劣、扬我之优的一举两得就是双赢的大智慧。得此智慧方得天下。

学会有序做事

看一个人是否有做事头脑,关键看他处事能否分清轻重缓急;智慧之道,就在于明白何事可以略过不论。

史蒂芬·柯维说:"有太多的人不会制定计划,不会区分事情的轻重缓急,所以觉得自己这一天忙得不得了。可是让他们分心,让他们负担不了的,实际上正是一些不用如此忙乱的小事。每天大家注意到的先是别人加在自己身上的那些事,而根本没有注意到这些事其实并不重要。

有序做事,分清事情的轻重缓急,这是成功者必备的素质!做事有条理才能够让我们在有限的时间里创造出更大的价值,从而获得更多的成功的机会。相反做事杂乱无章,毫无预见,又分不清轻重缓急的人,不管怎样努力做事,到头来也很难有所作为。

在日常工作中,有些人终日忙忙碌碌,结果每天完成的工作却少得可怜。还有一些人,他们从不慌慌张张,总是有条理的,虽然看起来并不十分忙碌,但是他们的工作效率却很高,其秘诀就在于他们能更加的合理安排做事的顺序,节省了时间却提高了工作效率。

遍布全美的"都市服务公司"创始人亨利·杜赫说过,人有两种能力是千金难求的无价之宝,一是思考能力,二是分清事情的轻重缓急并妥善处理的能力。事实上,很多人看似很忙,但却没有把精力花在那些真正重要的事情上,很难实现预想的目标,往往与成功无缘。

从前有人做过这样一个实验:实验设计者将一个铁质容器、一堆较大的石头、一堆较小的石子和一推细沙放在了实验台上,实验设计者要求两名实验参与着把其他的三样东西都装入铁质容器。第一位实验者走到实验台前,先把细沙倒在铁质容器中,然后把石头子倒在铁质容器中,最后把较大的石头倒在铁质容器中,可是倒了一大半,剩下的怎么压都压不下去了,第二位实验参与者走到实验台前,先把较大的石头倒入铁质容器,接着把碎石子倒入铁质容器,并且摇一摇,再加一些,接着把细沙也倒入了铁质容器,结果三样东西也倒入了铁质容器中。

在这个实验中,相同的实验器具铁质容器,石头、小石子、细沙,却由于不同的投放顺序而产生了不同的结果,所以在有限的时间里,我们做事也要分主次,千万不要眉毛胡子一把抓。

天下的事是永远做不完的,做事要分轻重缓急,就像射箭一样,只有瞄准靶心进行射击才能取得好的成绩。面对纷繁复杂的日常事务时,我们更要理清头绪,分清主次,集中主要精力做重要的事,这是我们提高工作效率、提升工作业绩的重要法宝。

做事中有长远目标、短期目标、即时目标。这些目标有时候会像热气球遇上麻烦一样到处乱撞,照顾了这一点又忘记了那一点;无论怎样权衡利弊,始终不能尽善尽美。这时一定要善于发现并解决最迫切的问题。只有先解决这些问题,才能解决其他问题。

古人云:"事有先后,用有缓急。"做事也是如此,作为一名优秀的人,分清事情的轻重缓急,不但做起事来井井有条,完成后的效果也是不同凡响。次序处理好了,不但能够节约做事时间、提高做事效率,最重要的是能给自己减少许多麻烦。决定好做事情的轻重缓急,是为自己找到更多时间去完成最为紧要的做事的最为有效的第一步。也就是说,如果你把为自己寻找更多的时间视为第一需要,而你计划优先去做最紧要的事,那你就能找到更多的时间。这是非常简单的道理。

魔力悄悄话

若你也想整天轻松自在,又能创造出优秀的工作业绩,那么一定要分清事情的轻重缓急,要妥善而合理的安排好做事的顺序,这样才能事半功倍。

做事要条理分明

做事没有条理的人，无论做哪一种事都没有功效可言。而有条理、有秩序的人即使才能平庸，他的事业也往往有相当大的成就。

做事是否有条理是判断一个人做事严谨程度的标尺。能力再强的人，如果没有工作秩序，开始就埋头于工作中，势必会把工作弄得一团糟。条理分明能提高工作效率，使你不但掌握自己的生活，也会有更多的休闲时间。很多商界名家都将做事没有条理列为公司失败的一大重要原因。

有种性急的人，不管你在什么时候遇见他，他都表现得风风火火的样子。如果你要同他谈话，他只能拿出数秒钟的时间，如果谈话时间长一点，他便会伸手把表看了再看，暗示着他的时间很紧张。这样的人在生活安排上七颠八倒，毫无秩序。做起事来也常为杂乱的东西所阻碍。结果，他的生活是一团糟，他的居所简直就是一个垃圾堆。他经常很忙碌，从来没有时间来整理自己的东西，即使有时间，他也不知道怎样去整理、安放。

另外有一种人，与上述那种人恰恰相反。他从来不显出忙碌的样子，做事非常镇静，总是很平静温和。别人不论有什么难事和他商谈，他总是彬彬有礼。他的各样东西安放得也有条不紊，各种事务也安排得恰到好处。他每晚都要整理自己的桌子，对于重要的信件立即就回复，并且把信件整理得井井有条。所以，尽管他做着很大的事，但别人从外表上总看不出他有一丝一毫的慌乱。他做起事来样样办理得清清楚楚，富有条理。

任何一件事，从计划到实现的阶段，总有一段所谓时机的存在，也就是需要一些时间让它自然成熟的意思。无论计划是如何的正确无误，总要不慌不忙、沉着冷静地等待其他更合适的机会到来。假如过于急躁而不甘等待的话，经常会遭到破坏性的阻碍。因此，无论如何，我们都要有耐心，压

抑那股焦急不安的情绪。

你处理事务有条有理，决不会浪费时间，不会扰乱自己的神志，做事效率也极高。从这个角度来看，你的时间也一定很充足，你的事业也必能依照预定的计划去进行。就像厨师用锅煎鱼，不时地翻动鱼身，会使鱼变得烂碎，看起来就不觉得好吃。相反地，如果尽煎一面，不加翻动，将会粘住锅底或者烧焦。最好的办法是在适当的时候，摇动锅子，或用铲子轻轻翻动，待鱼全部煎熟，再起锅。任何伟大的品格、超人的才能都不是凭空产生的，而是在日常小事上积累的结果。不愿干小事的人必定干不了大事。

你处理事务有条有理，决不会浪费时间，不会扰乱自己的神志，做事效率也极高。从这个角度来看，你的时间也一定很充足，你的事业也必能依照预定的计划去进行。

反思是成功的加速器

金无足赤，人无完人，我们每个人都会有缺点，但不是所有的人都能够做到客观地、公正地评价自己。能够平心静气地正视自己，客观地反思自己，既是修身养德必备的基本功之一，又是增强生存实力的一个重要途径。

反思是成功的加速器。经常反思自己，可以去除心中的杂念，可以理性地认识自己，对事物有清晰的判断，也可以提醒自己改正过失。只有全面地反思，才能真正的认识自己，只要真正认识了自己并付出了相应的行动，才能不断地完善自己。反思自己应该成为生活的一个重要组成部分。

反思其实是一种学习能力，反思的过程就是学习的过程，如果我们能够不断反思自己所处的境况，并努力寻找解决问题的方法，从中悟到失败的教训和不完美的根源，并能全力以赴去改变，这样我们就可以在反思中清醒，在反思中明辨，在反思中变得睿智。一个学会了反思的人，世界上就很少有艰难险阻，可以妨碍他走上成功的道路。

反思会使你在人际关系上多一些自如，少一些摩擦；也会使你在人生路上多一些成功，少一些失败。所以，我们每个人都应该学会这种精神，让反思成为成功的加速器。

做事要顾全大局

古人云：识时务者为俊杰。所谓识时务，就是要学会审时度势，顺应事态的发展来做事情。古往今来，英雄豪杰们之所以能够在社会中站稳脚跟，是和他们的"识时务"分不开的。在现代社会里，这依然是一条不变的真理。可事实却是，很多人该出手时不出手，不该出手时却偏偏横插一脚，结果可想而知。因此，要想成功来得更快些，就必须善识时务。

顾全大局，顾名思义指的是从整体利益着想，使不受损害。古人云："必有容，德乃大；必有忍，事乃济。"用我们的话来说是忍辱负重、顾全大局。**顾全大局，是一种为人胸襟，一种思想境界，一种磊落风范，一种崇高姿态，一种海纳百川的气魄。顾全大局是一种责任，大局意识也是责任意识。**要学会从整体角度考虑问题，个人目标要符合大局要求，要有牺牲的精神，处处以集体的利益为重。识得大体者方堪大任，要用长远的眼光权衡得失。全局意识也是使命意识。在功利得失面前高风亮节，不搞狭隘的个人主义，摒弃无所谓的利益纷争。当局部利益与全局利益、个人利益与国家利益发生矛盾时，都应义无反顾、不折不扣地服从全局与国家利益。人人具有想干事的意识，会干事的本领，敢干事的勇气。

舍弃个人，顾全大局

很多人放弃个人利益，保全集体利益之后，总是心理抱怨不止，这样的做法也是不足取的。很多人能够做到从整体利益出发，但是心里想的却是利用机会去报复别人，这样的人是很危险的，因为他分不清个人利益和体积利益之间的关系。个人就像是小河，集体就像是江流，当整个江流干涸了，小河自然也就干涸了，而当整个江流滚滚而来，小河自然也会水源充足了。

成功力——满城尽带黄金甲

顾全大局,不计私怨

顾全大局是需要忍辱负重的,能够放下自己的个人私怨,忍受别人对自己的怨恨,这也是需要一种胸襟的。所以,顾全大局要做到心胸开阔才行,否则,不但不会给整体利益带来好处,甚至会给整体带来更大的损失。

做事艺术的感叹

在工作中、生活中,总会遇到需要取舍的时候,此时我们就需要牢记顾全大局的原则。**在大事上讲原则,小事上讲风格,坦然面对现实,不患得患失;为人处事,要从大局着眼,从小处着手。应该有一颗包容的心,以德报怨,不计较个人得失;立足本职工作,把平凡的事做伟大。**很多人都是"个人自扫门前雪,哪管他人瓦上霜",其实,顾全大局有时也需要超越自身的工作岗位,因为工作中没有"不关我的事",各司其职并不是各自为政;对于工作要做到位,不越位,善补位,心中长存使命感;工作中,要甘当马前卒,危难关头,该挺身而出就要挺身而出;没有抱怨,心甘情愿做别人不愿做的"苦差事"。

不与他人去争长论短,机智化解矛盾。不争、不斗并不是软弱无能,反而是心胸博大的过人之处。退一步海阔天空,对自己,对别人都有利。

第七章
沟通的魅力

　　有的人,说话曲里拐弯,七拐八拐也拐不到地方上,一句话就能够说清的事情,却总也不挑明,委婉地过了头,会给人以虚伪的感觉。这样的人,也是不懂得说话艺术的人。会说话的人,面对别人的优点,会适度地给予衷心的赞扬,用真诚的口吻夸赞别人;面对别人的缺点,会委婉地加以提醒,给别人留有足够的面子。这样的人,有着丰富的社会经验和生活阅历,知道面对什么样的人应该说什么样的话。面对同一件事情,如何从不同的角度进行解释,以取得不同的效果。这样的人,是真正懂得说话的艺术的人。

学会良好的沟通

沟通是人生存很重要的一课,说话谁都会,但如何把话说得艺术,如何跟他人进行很好的沟通,建立良好的人际关系,就不是每个人都能做好。想更好地与人沟通,就得学习一点沟通的技巧。

俗话说"美言一句三冬暖,恶语伤人六月寒"。尊重对方是进行成功谈话的前提条件。很多人侃侃而谈,以为自己很会交流,其实他们只顾着表达自己的意见,没有考虑到他人的感受,这样的交流不算成功的沟通,只是单方面的互动。与人沟通是极为重要的。所以良好的谈话技巧是必须学习的,下面做一下简要介绍。

"闲扯"是与人交谈的重要组成部分,应学会闲扯

不善交谈,大多是不知道怎样抓住谈话时机。心理学家詹姆士说过:"与人交谈时,若能做到思想放松、随随便便、没有顾虑、想到什么就说什么,那么谈话就能进行得相当热烈,气氛就会显得相当活跃。"抱着"说得不好也不要紧"的态度,按自己的实际水平去说,是有可能说出有趣、机智的话语来。所以,闲扯并不需要才智,只要扯得愉快就行了。

适当地暴露自己,增加对方对你的信任

每个人最熟悉的莫过于自己的事情,所以与人交谈的关键是要使对方自然而然地谈论自己。谁都不必煞费苦心地去寻找特殊的话题,而只需以自身为话题就可以,这样也会很容易开口,人们往往会向对方敞开自己的心扉。

掌握批评的艺术

在交谈过程中,如果不得不对对方提出批评,一定要委婉地提出来。明的批评有以下几个特点:

1. 不要当着别人的面批评。

2. 在进行批评之前应说一些亲切和赞赏的话,然后再以"不过"等转折词引出批评的方面,即用委婉的方式。

3. 批评对方的行为而不是对方的人格。用协商式的口吻而不是命令的语气批评别人。

4. 就事论事。

附和对方的谈话,使谈话气氛轻松愉快

谈话时若能谈谈与对方相同的意见,对方自然会对你感兴趣,而且产生好感。谁都会把赞同自己意见的人看作是一个提高自身价值和增强自尊心的人,进而表示接纳和亲近。假如我们非得反对某人的观点,也一定要找出某些可以赞同的部分,为继续对话创造条件。此外,还应该开动脑筋进行愉快的谈话。除非是知心朋友,否则不要谈论那些不愉快的伤心事。

不要随意打断别人的讲话

理想的人际关系是建立在相互交流思想的基础之上的。在直抒胸臆之前,先听听对方的话是很重要的。一个人越是有水平,他在听别人讲话时就越是认真。倾听对方讲话的方式有:

1. 眼睛要注视对方(鼻尖或额头,不要一直盯住对方的眼睛,那样会使人不舒服)。

2. 从态度上显示出很感兴趣,不时地点头表示赞成对方。

3. 身体前倾。

4. 为了表示确实在听而不时发问,如"后来呢?"。

5. 不中途打断别人的讲话。

6. 不随便改变对方的话题。

不失时机地赞美对方

托尔斯泰说得好:"就是在最好的、最友善的、最单纯的人际关系中,称赞和赞许也是必要的,正如油滑对轮子是必要的,可以使轮子转得快。"利用心理上的相悦性,要想获得良好的人际关系,就要学会不失时机地赞美别人。当然,赞美必须发自内心。同时应注意赞美他的具体的行为和变化,而不要笼统地夸这个人好。

学会表达感谢

在人际交往中,免不了互助,所以哪怕是一件微不足道的小事,也不要忘说声"谢谢"。另外,不断去发现值得感谢的东西。感谢必须使用亲切的字眼。仅仅在心里感谢是不够的,还需要表达出来,这一点非常重要。感谢时应注意以下几个方面:

1.真心诚意、充满感情、郑重其事而不是随随便便地表示感谢。

2.不扭扭捏捏,而是大大方方、口齿清楚地表示感谢。

3.不笼统地向大家一并表示感谢,而是指名道姓地向每个人表示感谢。

4.感谢时眼睛应看着对方。

5.细心地、有意识地寻找值得感激之事进行感谢。

6.在对方并不期待感谢或认为根本不可能受到感谢时表示感谢,效果更好。

人际沟通注重和每一个人进行良性的互动。既不能够偏重某些人,使其他人受到冷落;也不应该只顾自己,想说什么就说什么。否则你只是在发表意见,根本不是在进行沟通。

善于沟通的人,必须随时顾及别人的感受,又能表达出自己的意见,形成良好的互动过程。

倾听是最好的沟通

做好与他人沟通，并不是要你有良好的语言表达能力跟良好的思维逻辑能力去判断对方的话语的正确性，沟通的真谛在于更多地使对方展示才华而非炫耀自己，只是要求我们做好一名听众而已。

我们经常会听到的一句话"上帝给人类两只耳朵一只嘴巴是让我们少说多听"你越认真听对方说话，他就越喜欢你，因为我们只对那些对自己感兴趣的人感兴趣。每个人或许都有这样的体会，当自己有一件很自豪或者是很有趣的事情时很想告知某些人，这些人可能是你的亲戚、朋友、同学跟同事，总之是你内心比较信赖的人，当他们认真倾听你说的事情时，你会很兴奋，心里产生了满足感。悄悄地便拉进了双方的心理距离，反之则不然。

要满足别人这种自我为中心的欲望。人际关系的成功重点在沟通，而沟通的关键则在于倾听！ 有一位喜剧的女演员曾经说过她的例子：我非常喜欢跟我的私人理疗师聊天，我可以滔滔不绝地说一个小时关于我自己的事情，而他的表现就像第一次和我约会的男人一样。所以每个人都渴望别人关注，渴望让别人觉得自己很重要，这就是卡耐基所说的人性的弱点，也是心理学家马斯洛提出的需求层次理论。被人关注，尊重的需求。

还有一个重要的观念是必须要搞清楚的，究竟是留下深刻印象还是产生深刻印象？其实事情并不像我们想象中的那样，毕竟每个人最关心的人还是他（她）自己，你的事情并不像上海世界博览会那样伟大，也不像2010年广州亚运会那样令人期待。所以跟自己希望交往的人在一起的时候，一定要控制自己长篇大论谈论自己的欲望，相反，你要问一些关于他的问题，他的生活和想法，然后全神贯注听他说。不要谈论自己想给他留下深刻印象，要试着对他产生深刻印象，你越是对他和他的观点及人格产生深刻印象,他就越对跟你在一起的时光印象深刻,他将发现你很有魅力!

亚洲成功学权威陈安之老师说:"沟通时倾听占80%,其余20%说话中,向对方提问又占80%"。所以提问者也是引导者。引导话题不好反而会更糟糕。这就要求我们每问一句话须多做思考,想方设法把对方话匣子打开。接下来我们必须使用倾听的技巧,这些方法可以提升倾听的质量。**首先在与人谈话时要注视对方眼睛,对视的时间不能少于谈话的三分之二,这不仅是出于礼貌也是消除对方的种种猜忌;然后努力做出一副认真听他说话的表情,身体略向前倾斜,时不时点头是对话语的肯定。**还要有意识地模仿正与你对话的人,因为我们都喜欢看起来跟自己比较相似的人待在一起;另外最有趣的是把自己的头歪向一边。这种方法是美国著名职业经理人博恩·崔西在狗身上学到的。或许你有这样的经验,当跟狗说话时,它的头会歪向一边,让我们感觉到它似乎听懂了什么。这也许就是人类与狗关系密切的一种原因吧。还有就是使用一些语言反馈。例如在点头的同时发出"嗯、哦、啊"的声音,重复对方的一些关键词汇和话语,如此会更让人觉得你是很认真听他说话的。

中国军校第一任校长鬼谷子说过"口乃心之门户"而良好的倾听是打开别人心扉的一把钥匙,当你滔滔不绝向对方诉说的时候,其实你什么也学不到。

当你感觉生活在这个繁华都市喘不过气来时,你是否察觉到你身边的人同样感觉身心疲惫,这时我们不妨静坐下来做一名忠实的听众,慢慢地听对方倾诉心声吧!

口才的魅力

哪里有声音,哪里就有力量;哪里有口才,哪里就有了战斗的号角,就有了胜利的曙光,"一人之辩,重于九鼎之宝;三寸之舌,强于百万之师"。古有战国苏秦数国游说不辱使命,三国孔明力排众议舌战群儒,近有革命领袖宣传爱国救亡图存演讲风起云涌,不战屈人之兵,谋划临阵倒戈,战前的动员,士气的鼓舞,人文的凝聚,乾坤的扭转……这一切都要通过口才表现出来。

在西方,在世界经济腾飞的每一个国家,在经济强国全面建设小康社会的今日中国,口才无论在商贸谈判、产品销售、技术引进、公共关系还是进行思想教育、组织生产和经济活动中都起着至关重要的作用,很多企业高层都把提高员工讲话能力作为扩大生产的一种手段。因为商战英雄所见略同,口才也是生产力!

国务委员吴仪在中国加入 WTO 谈判桌前,出语惊人,智慧胜人。口才体现了"说得出的能力,做得到的成就",谁能说口才不是一种强大的生产力呢?

只要不是哑巴或口吃,讲话能力人人具备,但是敢讲、能讲而会讲的人却不多。许多人茶壶里煮饺子,倒不出来,许多人只持地方话却国语不足,许多人懂得了国语却不会外语,因而交流受阻,发展受限。你羡慕那些在大庭广众之中风度翩翩、侃侃而谈、妙语生花、自信从容、吐词清朗、感染大众的演讲家吗? 这,正是新时代对人才的最新要求。

一个人的讲话水平,可以决定,他的生活层次,一个企业员工的整体讲话水平,可以决定企业的发展速度,一个国家公民的整体讲话水平则决定着这个国家的兴衰,国际竞争的成败。大到修身、齐家、治国,平天下,小到求职,恋爱,晋升,谋发展,哪一种离得了口才呢?

其实,你有一千个理由羡慕别人的口才,你更有一万个理由成为具备高超讲话能力的人。找到路,则不怕路长,不善讲话不要紧,关键的是要认识口才的重要,加强学习,因为讲话能力可以通过日常训练百炼成钢。日日行,千里不在话下;天天读,万卷亦非难事;时时练,讲话能力就会日益增强。到那时,你就会口吐莲花,笑傲江湖;妙语连珠,平步青云。

口才在无形之中改变了历史的进程,推动了历史的巨轮滚滚向前。口才,无疑也是一种巨大的生产力!

表达与倾听

一个人学会说话时必须同时学会听话，这两个结合起来才叫会说话。

会说话要先具备没有偏颇的思想和耐心的态度。说话是为了交流，不是一个人的事情，别人问多少事，或表达思想时我们都要有耐心，而且不会觉得对方幼稚或无知。别人用简单方式问，我用简单方式答；别人用复杂方式问，我用复杂方式答。

说话是为了表达我们内心的思想，而不是要找出别人的缺点，所以说话不要带出别人的缺点，这就好像去捅别人的眼睛，不会有什么好的效果。

说话太多会导致我们的话没有分量。

说话太多会使这个人把一些主意和想法在没有必要的场合和不关键的地方随便就说出来了，这常常使说话变成了一种炫耀，这就使你的话没有力量。所以要知道什么时候该说，什么时候不该说。不要让自己的话成了贴在厕所边的字画，显得不值钱。

说谎会使我们的话大打折扣，刚开始只是因为不说谎不行，但你没有警觉，结果养成了习惯，以后有没有必要都说谎，形成了惯性。但旁观者清，人家看到你的这种方式，就会认为你的话甚至你这个人不靠谱。

有些时候我们给别人提一些好的建议，但要看说话的时机，要注意用对方接受得了的方式。

听到各种流言，我们要像一个法官一样不要绝对化，要知道对方从他的角度看这个人和事就会那么看那么想。我们像法官一样去听，因为我们的耳朵长在外面，人们的嘴长在前面，我们去客观地听，从不同的角度去听。

如果你知道真相，不一定要去辩白，因为说出真相，如果对方不接受，你的解释并不能改变对方的看法,还可能形成新的隔阂和误会,要知道人和人本来就是不同的,有的人本来就是易误会别人的。

争论只有在两个人的心态都够好时才能使双方都获得启发,如果是完全僵硬的争论就成了为保全面子而争,没有什么意义。

有时候你并不需要讲很多道理,只要耐心地去听,就是一个理解、接受、赞同别人的态度。别人有时候并不需要听什么大道理,只要你会听就可以了。

提高你的说服力

说服，是以求得对方的理解和行动为目的的谈话活动。因此，说服的最大特征，就是在于引起对方的关注。如果单方面地述说自己的想法，或将自己的想法强加在他人的头上，说服就不可能获得成功。

就是说，**说服的关键，在于帮助对方产生自发的意志。因此，说服，不是为了使对方在理论上获得理解而进行的"解说"，也不是迫使对方在无奈之下付诸行动。**

人们常说："人生，就是从不间断的说服。"尤其是在商务领域，那里汇集着各种性格不同的人，为了达到共同的目标，大家必须同心协力，因此说服的场面更是俯拾皆是。如果说，工作就是不间断的说服，也并不过分。很多事情，无论你多么勤奋，如果仅靠一个人的力量，最终将会一事无成。

但是，如果不主动出击，不积极与人交往，不向对方进行诱导，你就不可能得到他人的协作。

那么，支持说服的基本力量，是由什么要素构成的呢？

要回答这一问题，最便捷的方法，就是先回顾一下我们的日常生活，逆向思考一下，自己不愿接受他人的说服时，是什么样的时候。

1. 不能相信对方的时候；

2. 对方叙述的事情有矛盾的时候；

3. 道理也许对，但对方的讲法不合情理而产生反感的时候，等等。

由此看来，不愿接受对方的说服，其理由同谈话方式不符合说服的对象，说服的内容以及说服时的条件都有关。可以说，这一道理适合一切谈话场合。

仔细想一想就能明白，问题在于说服者的人格即"说服者是什么人"，劝说内容蕴含着的力量即"说什么",还有说服者的应变能力即"怎么说"。这三者与说服力有着直接的关联,构成说服所不可缺少的要素。

这三种要素统称为"说服能力"。说服力与其他能力即解说能力、忠告能力等一样,是谈话能力中的一种,只是其目的各不相同而已。

在说服能力中所蕴含着的人性,关键在于说服者的人格力量,即说服者的人品足以使对方心安理得地、自发地付诸行动。

人性,适合于其他一切场合,包括绘画和唱歌等场合。

日本著名画家横山大观生前说过:"要塑造会绘画的人是很难的。"歌剧歌唱家砂原美智子也说过:"歌是用心灵来演唱的。听众对歌声有好恶之分,但心灵比歌声更能够打动听众。"

这些名字都是在某一领域里自始至终地有着自己追求目标的人。从他们的话中,能感觉到其中的分量。从理论上来说,就是说服者的悟性。

关于说服的内容,同样也是如此。如果用于说服的内容自相矛盾,或理解很肤浅,这与推动他人的功率就相差得很远。

而且,只要是有感情的人,如果不符合对方的理解思路,说服就不可能得到对方的赞同,因此会遭到对方的拒绝。

总之,说服力就是"什么人""说什么""怎么说"的综合。它是从"劝说者的人品""说服内容的分量""劝说者的应变能力"这三种要素的综合效果中产生的,不可能被某一种单一的技巧所替代。所谓的说服,就是包括这些要素,并事先预测到所有可能发生的事。

培养自己说服别人的能力,实质上就是培养一种综合的谈话能力。它在谈话中的作用不可小视。

言语是思想的衣裳

　　言语是我们的思想及情感的表达,是心底的声音,没有言语作为工具,我们的思想及情感就表现不出来。

　　言语是思想的衣裳,它能完全表现一个人,一个粗浊或优美的品格,在粗浊或优美的措辞中会自然而然地流露出来,一个人虽然不一定能完全说出自己,但却多数能鉴别及透露自己,在不知不觉中,在有意无意间,在别人的眼前,他往往以每一句话描绘自己的轮廓与画像。

　　说话既轻浮则行动亦草率;所以谈吐是行动之羽翼,对于一切谈吐,人们最喜欢那种出自真诚而且经过选择的言语。

　　言语是一种严肃的东西,有口才的人决不滥用它,同时也劝你不要强求别人听你的活;如果别人不愿意听,最好还是住口不说,因为对方或许对言语的重要未有相当的认识:以致无法乐观地接受。

　　说话天才,不是天生的、是从现实中锻炼出来的,是一分天才,九分努力的结果。

　　人们若既没有擅长于辞令的才智,也没有缄口不言的判断力,那是一件可悲的事,思想的人只是空谈,因思想是无声的。自以为永远说得不够的人,常流于多言而必定是多言多夫,长舌头与头脑简单往往结成亲家,最要紧的是说得少又说得好,那便可被称为懂得说话的艺术,人心不同,各如其面,各人的生活经验,思想情感,千差万异,如果我们不能善于跟各式各样的人交谈,讨论,我们必然陷于孤陋寡闻,自以为是了,孤陋寡闻,而又自以为是的人,正是一个到处都不受欢迎的人,而且,只要每个人想一想:自己的各种看法、意见、兴趣和主张,是不是从娘胎带出来的呢? 是不是一成不变的呢? 是不是从来没有错过,没有改过的呢,答案一定为:不是,正相反,它们是慢慢地经过长期培养而成形的,它们是会常常改变的,"今日之我",未必就同"昨日之我"。

人与人之间,若能和平相处,只有迳过语言一途,善于言谈的人,能把生活弄得随时随地都很快乐,他们在业余的时间里,可以和他们的朋友,或是他们的家庭,快快活活地过一个晚上,使大家得到更多的乐趣,而且,善于谈话的人,到处都受人欢迎,他能使许多不相识的人携起手来,他能使许多彼此不发生兴趣的人互相了解,互相感到需要,他们能够排难解纷,消除人与人之间的误会,他们能安慰愁苦烦闷的人,他们能鼓励悲观厌世的人,能够清除别人的疑虑和迷惑,能够使别人更聪明,更美好,更快乐,更拥有作为。

我们平常似乎很少人知道谈话在生活中,有这么宝贵的价值,常常安排自己的生活,办公啦,看电影啦,可是很少安排去找一些什么人,好好地谈几个小时的话,我们去找朋友的时候,不是为了要办一些琐碎的事情,就是为了应付应酬,联络联络,见了面除了随便找些话来乱谈一阵,并没有好好地想想应谈些什么,在我们宴客或安排什么晚会时,我们花很多钱和时间在饭菜和游艺节目上,我们给客人预备了好酒、名菜,安排了一些文艺节目,可是关于怎样谈话,却一点也没有想到。

我们没有想到在一起谈些什么好,我们很少替客人们互相介绍,使他们在一起谈些共同有兴趣的事情,我们也没有想到,在必要的时候,我们自己带头谈起一个所有客人都会有兴趣的话题,我们特别使那些没有熟人的客人感觉到闷气、难堪,只呆呆地无聊地一声不响地坐在那里,我们害怕遇见陌生的人,见了比我们地位高一点的人,我们不但害怕,而且还有点害羞,如果遇到不得不参加的会议时,我们坐在那里,除了举手表决以外,什么事也不会做,我们不能站起支持,补充自己同意的意见,也不能反驳,批评我们反对的意见。

为什么我们变成这样的人呢? 可能是因为我们从小缺乏集体生活,对人太不了解,也可能是顾虑某几次谈话失败了,为了避免谈话的再失败,于是索性就不肯再开口了,也可能是误解了多做事,少说话的真意,把不说话当作一种美德,也可能是受了祸从口出这成语的影响,觉得不说话是一种保护自己的安全之道。

"祸从口出"这句话,在以前相当流行,类似这样的道德教条还多得很,什么君子缄口啦,慎言啦,多言必失啦,等等,总之,都是叫人最好不要出声,不要说话,不要发表意见,其实这些教条都是有它的社会背景的,在过去的中国,政治不良,君主专制,平民没有言论自由,谁要是言语不慎,批评了当局,或是得罪了权贵,常常就会招致杀身灭族之祸,这样下来,人们便以不说话当作一种美德,当作一种安全之道,可是一种合理的社会,不说话,不但不是一种美德,而且也并非安全之道。

为什么呢?在合理的社会,人人都有发表意见的权利和义务,对于一切社会的事情,是利是弊,应兴应革,都应该提出批评,提出建议,谁要是一声不响,坐视不言,那就是一方面放弃了公民的权利,一方面也是没有尽公民的义务,**在某一个时候,说话的人,往往是并不做事情的人,许多不做事情的人在那里哇啦哇啦,空口说白话,高谈阔论,于事无补,所以多说话,还不如多做事。**

可是到了现在,说话的人,就是做事的人,要做事,就不得不说话,说话也是为了把事情作得更快更好,说话和做事结合起来,那么就没有什么说多说少的问题,在某些场合,说话就是做事,做事就是说话,至于一般办事的人,一面做事一面也要说话,交流经验的时候要说话,交换意见时要说话,有所报告,有所询问,有所批评时,都不免要说话,没有这些种类的说话,或是应该说而不说;应该多说,而懒得说,都会妨碍事情的进行与发展的。

魔力悄悄话

我们要从心底扫清一切过去社会上流行许多对说话的不正确的看法,认清楚说话的能力在现代生活中的真正地位,这样,我们就很容易摸到说话的意义和学到说话的技巧了。

第八章
在竞争中进步

　　瀑布寻找深潭作为对手，它纵身飞跃的刹那，才创造出银瓶乍破，金迸玉溅的美丽和壮观。钻石寻找岩石作为对手，它才能在寂寞、枯燥的工作中谱出流热溢火的壮歌，才能在单调乏味的日子里释放出自己能量，闪耀出自己的辉煌。

　　在生活和学习上给自己找个对手，也就是为自己找一个优秀的参照物，不断激励自己，吸取他人的优点，强壮自己、锤炼自己，让自己在跌宕起伏的岁月里能够不断地迎接机遇和挑战，并且把其中的经验与教训作为自己不断成长的营养。

每天淘汰你自己

竞争是件令人讨厌的事,但是它每天都在发生,如果一味地逃避和停滞,唯一的结果就是被淘汰出局。每天淘汰自己,只有这样,才能不被别人淘汰,让自己成为那个走在最前面的乘风破浪的勇士。

机遇面前人人平等,如果不去主动竞争,就会被排挤、被吃掉。每天淘汰自己一遍,充分认识自己的不足,才有可能抵御更加残酷的竞争,成为羊群中的"领头羊"。

很多年前,有一群熊,它们快乐地生活在森林里。这里树木茂盛,食物充足,它们在这里繁衍着子孙后代,和周围的动物和谐共生。

突然有一天,地球因为一次变化而生态恶化,这片森林被雷电霹到,开始大范围地燃烧。动物们都四处逃散,熊的生命受到了前所未有的威胁。

这时候,熊的意见发生了分歧。

其中一部分建议说:"不如我们北上吧,那里肯定有我们的天地,而且能让我们的队伍发展得更加强大。"

另一部分反对:"不行,那里那么冷,我们肯定要被冻死的,说不定还会被饿死。还不如去一个我们能吃的东西也不少,还容易繁衍的地方。"

争论很久,没有结果,大家谁都说服不了谁。结果,一部分熊北上去了,到北极的边缘。而另一部分熊则去了一个四季温暖、草木非常茂盛的盆地定居。

到了北极边缘的那一群熊,因为那里的气候寒冷,它们不仅学会了在冰冷的海水中自由地游泳,还学会了潜到水底下,去捕捉鱼虾等。有时候,它们还会和那些体积比自己大很多的海豹搏斗。很久很久以后,它们的身体进化得高大凶猛，它们就是我们现在看到的北极熊。

而另一部分熊，到了盆地之后发现，这里的食肉动物太多了，自己身体那么笨拙，根本抢不到食物，也没办法和其他食肉动物竞争。于是，它们决定不再吃肉，而是吃草。可是，它们更没有想到，原来这里连吃草的竞争都那么激烈，草也抢不到。于是，它们只能吃别的动物不吃的食物——竹子，这才勉强生存下来。

后来，它们把竹子当成了唯一的食物来源，这样就没别的动物和它们争抢了。没多久，它们变得更加好吃懒做，身体更是臃肿不堪。很久很久以后，它们变成了我们看到的那种大熊猫。可惜，现在竹子也越来越少，大熊猫的数量也跟着减少，几乎濒临灭绝。

假如你不淘汰自己，那你就会被别人淘汰。

人最容易走的是下坡路，日子舒坦了，脑袋就不再用于思考，等到悔过的那一天，为时已晚。

从现在开始，就每天淘汰一遍自己，逼着自己做点难的事情，用更多的时间提升自我，让自己的抵抗力更强。

找准你的竞争对手

在生活中,我们经常会遇到各种各样的对手,我们渴望战胜对手、打败对手。没有对手是孤独的、寂寞的,甚至是可怕的。然而,谁才是我们真正的对手呢?

阿伦是上海一家著名外资公司的一名高层管理人员。在企业里,不知道为什么,他总看不惯一个清洁工,一见那清洁工心里就很厌烦。也许是那个清洁工长相让他不舒服,也许是清洁工干活时不太认真惹恼了他,总之,阿伦怎么看她都不顺眼,心里觉得怪别扭的。

那个清洁工也因此很敌视阿伦,甚至对他报以冷眼。清洁工不是故意在他经过时拖地,就是在他下楼时故意关灯。清洁工对阿伦也没有一点好感,她经常有意地去惹怒他,似乎在考验阿伦的忍耐度一样。

阿伦一直想发火,但每次都没什么借口,他只好把火憋在心里。还有一个因素就是,他怕同事们知道了,会觉得他小题大做。因此,一直觉得很郁闷,甚至因为清洁工的事,他工作没有做好,也没有休息好。他很苦恼。那以后,阿伦更加讨厌那个清洁工,每次见到他总是做出鄙视的姿态。其实,他不屑一顾的样子并不是他想要那样做的。而是,他将不爽的心情都归之于清洁工,见了清洁工自然心情郁闷。清洁工也加倍做出各种激怒他的举动,两人的矛盾越来越激化。

终于有一天,阿伦忍无可忍,找茬儿把那个清洁工痛骂了一顿。出乎他意料的是,清洁工在他高声怒骂时始终一声不吭,等他骂得筋疲力尽了,才不以为然地问了一句:"你天天和一个清洁工较劲,值得吗?"

阿伦听了,心中一震,自己有必要和她较劲吗,他应该将他的精力放到工作上去，而不是让清洁工破坏了他的好心情。他羞愧地感到，他长久以来为了一些鸡毛蒜皮的小事，竟然无聊地与一个与自己没有什么关联的人产生了对峙，而且这严重影响了他平时的心情。那以后，阿伦的心态平和了，不再将清洁工作为自己的对手，他觉得清洁工有时也蛮可爱的。

其实，在我们生活、工作中，有许多烦恼就是来源于这种无谓的斗争：许多身居高位的人将下属当作对手；许多老板将员工当作他的对手；许多城里人将进城务工的农民当成了对手……他们其实都选错了对手，在应该大度宽容时，做出了与自己身份极不相称的举动，让自己成为被人耻笑的一方。

把自己作为对手，可以超越对手；把强者作为对手，可以激励自己；而把弱小者或者无关者作为对手，只会贬低和消耗自己，最终也只能是自取其辱。

竞争让自己更优秀

据说作为一个英雄最大的悲哀并不是被别人打败,而是在征战的疆场上没有一个可以与之一较高低的对手。

一位著名速滑运动员说:"一个人最可怕的是没有对手。"他曾经是体坛璀璨的明珠,屡屡在国际大赛中夺魁。但他也有不夺魁的时候。他有劲敌,是位美国名将,只要对手参加,他必是憋足了劲,誓夺第一。可一旦对手不在,他心里就空落落的,比赛的时候也就没有那么拼命,有时仅仅是一刹那,奖牌便失之交臂。

在现实生活中,也有许多人曾经辉煌一时,可就因为不再寻找对手,而逐渐暗淡了自己;也有很多人本就普普通通,从来不为自己寻找对手;所以在社会的大舞台上,一生都了无声息。

应该说,谁都想成为威名赫赫的英雄,成为耀眼的明星,让自己的人生波澜壮阔。然而,很多人往往懈怠了自己,渐渐习惯于安逸,最终平淡无奇地完结一生。

当然,不是每个人都要做英雄,也不是每个人都要成为明星。但给自己找个对手,借以充实自己的头脑,强壮自己的体魄,去不断地迎接机遇和挑战,总是可以的吧。

瀑布寻找深潭作为对手,它纵身飞跃的刹那,才创造出银瓶乍破,金迸玉溅的美丽和壮观。钻石寻找岩石作为对手,它才能在寂寞、枯燥的工作中谱出流热溢火的壮歌,才能在单调乏味的日子里释放出自己能量,闪耀出自己的辉煌。

给自己找个对手,就如同斗士在寻找剑;歌词在寻找旋律;骆驼在寻找沙漠;金刚钻在寻找瓷器……

当然,给自己找个对手,并不是盲目地寻找"对手",而不是寻找"敌手"。寻找对手不是逞一时之能而四面树敌、八方威风,也绝对不是把对手打倒在地,然后气喘吁吁地分出胜负和高低。

在生活和学习上给自己找个对手,也就是为自己找一个优秀的参照物,不断激励自己,吸取他人的优点,强壮自己、锤炼自己,让自己在跌宕起伏的岁月里能够不断地迎接机遇和挑战,并且把其中的经验与教训作为自己不断成长的营养。

给自己找个对手,也是培养一种的精神。正如达尔文曾经所说:物竞天择,适者生存。现实生活中给自己找个对手虽然还没影响到人类生存的程度,但不可否认,人只有在竞争的氛围里才能更加充实自己,锤炼自己。

哲学上说,世间万物都是有联系,有矛盾的。给自己找个对手实际上是以承认联系、矛盾为前提,体现了一种主动解决矛盾的精神,体现了"路漫漫其修远兮,吾将上下而求索"的执着。只有如此才能向命运展示一份坚强,一份美丽,整个人生才会更加精彩。

不管是在生活中,还是在学习上,以及将来的工作中,都应该时刻为自己找一个优秀的对手,激励自己不断进步。

尊重你的竞争对手

人类从降生就已无法选择回头路,面临着一切残酷的竞争考验。俗话说:人往高处走,水往低处流。而优胜劣汰,成王败寇成了这个自然界不变的生存法则。

人的一生离不开竞争。就像我们从入学开始比成绩,一直到学业结束。还有参加工作之后的竞争更是全方位且激烈的。与其说我们在社会中生存,不如说我们在汹涌澎湃的竞争风浪中不断搏击,不断冲刺。

竞争是具有辩证的吧?它在导演一幕幕王者归来的喜剧之时,也无情的塑造和谱就了一幕幕失败者的无言悲歌。

竞争,一面激励人奋发进取、从容向前的同时又在给人们毫不留情的施加诸多压力,是人经常处于与对手严苛的挑战之中。也许形成对手的孩提时最好的伙伴或者同学,可是随着我们步入社会,随着人生舞台的加高扩展,事业舞台也跟着精彩纷呈。

同行间有市场之争;同僚间有职位之争;同事间有分工之争,对于后者我更是深有感触。说白了,这些竞争在利益上都是一致的,因此,竞争对手更有互相依存、相辅相成的一面。

试想,人一旦没有了竞争对手,我们是否会有更大的成就呢?毫无疑问,没有了竞争,人类也就丧失了生活的激情,丧失了攀登的动力,丧失了荆棘路上前进的勇气,那么,就会导致这个社会滞留不前,失去光明与生机……社会经济必定瘫痪。

我们要懂得尊重竞争对手,因为对手是我们一生的陪练。当你的潜能被慵懒惰性所覆盖时,恐怕只有较强对手可以激活你埋葬在最深处的潜能,当你的能力一旦受到外界的压迫或者是身处绝境时,内在潜能就会像

火山一样毫不保留地爆发出来，于是，你会创造出最优秀的成绩。就像我们国家的那些运动员，获得的每一枚金牌背后，都蕴含着无数血汗，都是在每一次与对手狭路相逢的较量和角逐中，无所畏惧，全力以赴得来的最高荣誉。当然这是他们背后脚踏实地，辛勤耕耘的结果。

客观地来说，我们初涉社会和事业舞台时，我们都是一只刚学会飞翔的雏鹰，羽翼虽渐丰满，但对于外界潜藏的危机无法洞察。

在一次飞翔成功后，难免生有骄傲自满的心理，不愿在三番五次的学习飞翔的基本功，因为心生倦怠。直到有一天遇到强有力的对手，他们一次次把你打垮，击溃，让你一败涂地。之后你的头脑才渐渐处于清醒，经过深刻的反思，检讨，顿悟，你才会在短时间内找到致使你失败的罪魁祸首，这些都有利于你再次精神抖擞，重振雄风，当你东山再起时，你已经在一次次的重创中捡拾失败的碎片，积累了丰富的经验。由此可见，当你处于激烈的竞争下，是它让你摒弃自满和懒惰，放弃眼下的安逸，一路不断搏击，不断向前，不断在每次竞争中收获硕果。而且，在较强的对手面前，威胁往往翻倍膨胀，促使你在闯关夺将的征战中一路飞速提升和激发自我潜在的能量。

任凭你是谁，任凭你有多么成功，任凭你是什么行业的冠军，感谢吧！感谢你的竞争对手，毫无疑问，是它将你撑至人生成功的巅峰。从某种意义上来讲，一个好的竞争对手，是失败者的良师，也是人生益友吧？不过，有了竞争就难免会有输赢，失败乃兵家常事。

高下无定势，输赢有轮回，没有谁可以是每次的常胜将军，没有谁可以稳坐冠军宝座。赢了不要得意，输了不要灰心，能够败在一个强大的对手下，无疑是幸运的，输在他手下的，最有希望成为下一次，或者下下次的冠军。一个睿智人不会被嫉妒和虚荣心冲昏头脑，蒙蔽双眼。他会用明智的选择以赢者为师，取他之长，补己之短，将赢者的东西潜移默化，纳为己用，为日后取胜奠定良好的基础。一些真正的智者，在一番相争之后，便能对对手的一举一动了如指掌，俗话说：知己知彼，百战不殆。这句话是多么富有哲理啊！

尊重对手，携手共进，共创辉煌，让彼此交相辉映，相得益彰。若为一己之私抑或虚荣心相互拆台,那么只能落得一个偃旗息鼓,一损俱损。损人不利己的事情是愚者的做法。真正实力雄厚的人渴望竞争,勇于攀登的人不惧竞争,光明磊落的人诚服竞争……尊重对手,珍惜人生每一次竞争,它会让你茅塞顿开,终身受益,为你的人生带来更多的精彩和丰盈。

　　人生在世,能够成为竞争对手,不可否认这也是一种缘分。对手,仿佛是分数中的分子和分母。结局往往只有赢多赢少之别,并无绝对胜败之分。角色有主有次,登台有先有后,掌声亦有多少和强弱之分。

争其必然顺其自然

现代社会是一个充满竞争的社会,社会给每个人提供了竞争的舞台。尽管这舞台还不十分公平,还有内幕交易、潜规则等,但毕竟提供了个舞台。所以,我们应发挥自身的潜力,去争取、去奋斗。在竞争中激发出我们的潜能、增长自身的才干、展示自己的才华,让自己更快地成熟起来。

畏畏缩缩、内敛、中庸、大智若愚等等,固然有中华民族的传统美德的成分,但也会使自己不能尽快脱颖而出。人生几十年,现代知识更新又这么快,自己学的这点本事不尽早发挥出来,取得属于自己的东西,也许再过几年就落伍了、淘汰了,自己曾引以为傲的东西也许就该进垃圾堆了,所以,时不我待。要有"亮剑"精神,明知不可为而为之,明知敌众我寡难有胜算,但敢于亮剑、敢于冲锋,不为困难所吓倒! 当然,我们争的东西应是合理合法的、属于自己的东西,那种想入非非、老想别人的东西的"争",不争也罢。

那么什么是合理的愿望?"判断愿望合理与否的根本界限是劳动。依靠自己劳动实现的愿望是合理的,不劳而获是可耻的。离开了劳动的愿望,说到底是寄生虫的欲望。寄生虫式的欲望的不断实现,不是个性的丰富,而是个性的腐化,其必然结果就是犯罪。"

有合理的愿望,再通过正当的努力,才能得到真正属于我们自己的东西,才能真正享受到成功果实的甘甜!

世事万物都有它内在的运行规律。我们可以顺应它,利用这些规律,但不可改变它。一年复始、四季轮回,不可能因为你喜欢哪个季节就总停留在哪个季节;人有生老病死,既有年轻力壮、精力充沛的青壮年时代,也有稚嫩和年老体弱的幼年和老年,这都是随着年龄的增长而必然经历的过程,不可能年老了再重头活一回。有些年纪大的成功人士,虽然可以找到年轻漂亮的妻子,也许可以在少妻身上找到青春的影子吧,但他们自己的年龄是改变不了的。

　　生活有许多的不如意,我们都为自己周围的客观条件所限,不必强求,若顺其自然,随遇而安,也可找到心灵的宁静和快乐!

竞争与合作

合作与竞争存在于任何关系中，任何人都是在合作与竞争中提高自己的能力，进而应对更加艰难的合作与竞争。事物在竞争中进步，在合作中共存。

没有人能摆脱竞争与合作，适应，提高，而合作是唯一的选择。

一个人问上帝，天堂和地狱究竟是什么样子。上帝把这个人带到一个房间，房间里有一个大桌子，上面放着一大盆美味的汤，一群人围坐在桌子边，每个人手里拿着一把长柄的汤匙，汤匙的柄长过胳膊，这些人没法用汤匙喝汤，只能饿着肚子唉声叹气。

"这就是地狱。"上帝说。

"那么，天堂是什么样子?"这个人问。

上帝把他带到另一个房间，这个房间与方才的房间一模一样，同样的桌子，同样的汤，同样的汤匙，唯一的不同是，坐在桌子边的人用长汤匙互相喂食，他们的脸上都带着微笑。

这个人恍然大悟，原来，能否合作，就是地狱和天堂的区别。

在现实生活中也是如此，合作往往能给我们带来更大的收益，所以，学会与人合作，在合作中提高自己的能力，是一件极其重要的事。在合作中，你需要注意以下十个问题：

1. 合作是高级竞争

与人合作，首先要搞清楚合作的本质，合作，是一种高级竞争。一定是因为竞争，才需要合作，因为有了共同的竞争目标，双方或多方需要联合，而在联合中,双方和多方也在互相竞争。竞争是常态,合作是暂时。

2.认识对方的价值

不论是竞争的对手,还是合作中的同伴,他的身上总会有值得你学习的地方、你欣赏的优点,尽量吸收对方的优点,你就能在竞争与合作中,提高自己的竞争力,这也是竞争与合作所带来的最大收益。

3.尽量协调步调

在合作中,双方的根本目的一致,但可能出现细节上的小摩擦,这时不可意气用事,要顾全大局,体谅对方,尽量调整双方的步调,保持整个计划的完整和效率,尽量以小的牺牲换取大的收益,胜过全盘皆输。

4.信任对方,真诚待人

互信是合作的基础,让对方感觉到自己的真诚、友善,能够提升对方对你的信任,互相信任,有助于事情的成功。真诚与信任,会让对方信任并接受你,也许还有额外收获:你的对手或合作者从此成为你的挚友。

5.坚持原则

做事要有原则,在竞争和合作中更是如此。在竞争中,不要破坏规则,为达目的不择手段;在合作中,更要坚持自我底线,不能一味退让。坚持原则,会为你赢得对手或者同伴的尊重。

6.能够接受批评

每个人都会犯错,能够坦诚地接受错误,改正错误,这样的合作伙伴令人安心。而他人愿意给你提出意见,也会促进你的进步。以虚怀若谷的态度接受他人的批评,将会给你带来巨大收益。

7.提高自己

不论竞争还是合作,都需要不断提高自己的能力。如果不能提高自己,就会被竞争者淘汰,也会被合作者抛弃。提高自己的能力,就能够进一步选择更强大的对手或同伴,进一步推动自己的事业。

8.更加主动

一个和尚提水喝,两个和尚抬水喝,三个和尚没水喝。合作不是依赖,不要什么事都指望合作者,而要让自己更加主动,自己先去提水,对方自然也不会倦怠。主动,不但为自己赢得了局面,也为你们的合作打下良好的开端。

9. 兼顾对方

合作是双向或多向的互动,不要只考虑自己的利益,还要兼顾对方。任何自私的行为都有可能影响整体的收益,也影响合作者对你的信任。兼顾合作者,往往带来更多的合作机会,这才是合作的良性循环。

10. 培养乐观心态

竞争与合作,都需要乐观的心态,胜不骄,败不馁,用坦然的胸怀迎接成功或失败,永远充满自信,不但鼓励自己,也鼓励别人,这样的人从不缺少合作伙伴,也不缺少竞争对象,因为他的世界永远是开拓的,他的目标永远在前方,他从不会放弃希望。

现代社会,竞争日趋激烈,合作也日益广泛,懂得合作的人,拥有更强大的竞争力,因为他既发挥了自己的长处,又借用了他人的优势。

也许,通过竞争,你能够更聪明地把他人的优势变为自己的优势。所以,重视合作,就是更积极地去竞争,去争取成功。

第九章
开发你的潜能

  世上每个人都是不同的个体,而在每个人的身上也都蕴藏着一份特殊的才能,那份才能有如一位熟睡的巨人,等着我们去唤醒它,而这个巨人即潜能。

  任何成功者都不是天生的,成功的根本原因是开发了人的无穷无尽的潜能。只要你抱着积极心态去开发你的潜能,你就会有用不完的能量,你的能力就会越用越强。

  相反,如果你抱着消极心态,不去开发自己的潜能,那你只有叹息命运不公,并且越消极越无能!每一个人的内部都有相当大的潜能。

认识真实的你

认识你的真实时刻

世界冠军蕾顿在奥运会比赛时,在她年轻的运动员生涯中,做了极危险的决策。她在跳跃动作中,得到完美的十分之后,竟要求不必要的第二次试跳。她明白,她可能会犯点错、滑一跤或表现一丁点的误差,只要一个小失误,在极端严格的规则下,她就会失去她第一个满分,且全盘皆输;而她却再一次得到完美的十分。对她而言,那才是真实的时刻。

对于我们大多数的人,这个真实的时刻,我们生命中伟大的转折点,并非如此剧烈或如此令人满足,我们有时甚至对它毫无知觉呢!但是,不论你察觉与否,都会有一个真实的时刻,只要你善加捕捉,并妥为运用,会从此改变你的一生。

真实的时刻,也可能以一种意外的方式而来。

或者在某种机缘中,遇见高人指点;也或者只是很通俗的,在报上看到一篇文章后有感而发。真实的时刻,有可能是任何一种好的、坏的,正面的或负面的事件。重点在于,一旦你掌握这个时刻,扪心自问人生大问题,并许下承诺将这时刻转化为改变你命运的契机,它就成为你一生的转折点。

进行正确的自我评估

了解你自己,最好的方法是站在一旁,像陌生人一样来评估你自己。接着,要尽可能客观地进行自我检查、评估自己的能力并认清自己的缺点。

然而,我们中的另一些人却认为我们比实际情况还要糟,我们缺乏自信,我们感到不适,我们逃避棘手的挑战,因为我们不想失败。结果,我们注定一生平平庸庸。

我们都不愿居于他人之后。

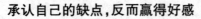

成功力——满城尽带黄金甲

承认自己的缺点，反而赢得好感

为了在短时间内令人印象深刻，当然就得把自己最好的一面尽量展现，此乃人之常情。可是有些人过于得意忘形，只顾强调自己许多不得了的成就，反而忘记偶尔透露一下自己的缺点，承认自己的缺点，对于化解敌意绝对有帮助。从事业务工作的人一定不愿意自曝其短，因为这样会让别人怀疑其能力，其实，显示弱点绝对有益无害。毕竟，没有人会开口过问别人闯过什么乱子，所以主动招认反而可以突出自己。

帕玛是美国过去三十年来最成功的体育人物之一。若要说偶尔自吹自擂一番，原也是无可厚非，可是仅仅二、三十岁的年纪时，他已具备与生俱来的谦和态度，使人乐于亲近。

记者和球迷们每每要他谈过去一年来的成绩，此时他大可一一列举最得意的记录："我平均每一回合69.8杆，共拿下两个冠军，其中一项是重要比赛，奖金收入超过20万美元。"可是帕玛反而每次总是拿自己开玩笑。

有一次，他在一项表演赛开赛前被球迷团团围住，只听得他回答问题时，把在洛杉矶公开赛一洞打出12杆的糗事兴冲冲地加以详述。在场的球迷并不因此而否定帕玛，掉头而去，反而见识到帕玛深得人心的气度，知道他跟我们一样也是凡人，也会犯错误，更体会到他的诚实与不做作，无怪乎是冠军级的人物。

保持人性本色，诚实无欺。在种种光辉的胜利中，别忘记添加几次失败的记录。

了解你自己，最好的方法是站在一旁，像陌生人一样来评估你自己。接着，要尽可能客观地进行自我检查、评估自己的能力并认清自己的缺点。

人人都有潜能

　　世上每个人都是不同的个体,而在每个人的身上也都蕴藏着一份特殊的才能,那份才能有如一位熟睡的巨人,等着我们去唤醒它,而这个巨人即潜能。上天绝不会亏待任何一个人,上天会给我们每个人无穷无尽的机会去充分发挥所长。只要我们能将潜能发挥得当,我们也能成为爱因斯坦,也能成为爱迪生。无论别人对我们评价如何,无论我们年纪有多大,无论我们面前有多大阻力,只要我们相信自己,相信自己的潜能,我们就能有所成就。事实上,世界本来属于我们,我们只要抹去身上的灰尘,无限的潜能就会像原子反应堆里的原子那样充分发挥出来,我们就一定会有所作为,创造奇迹。

　　大自然赐给每个人以巨大的潜能

　　对于人类所拥有的无限潜能。

　　一位农夫在谷仓前面注视着一辆轻型卡车快速地开过他的土地。他14 岁的儿子正开着这辆车,由于年纪还小,他还不够资格考驾驶执照,但是他对汽车很着迷,似乎已经能够操纵一辆车子,因此农夫就准许他在农场里开这客货两用车,但是不准上外面的路。

　　但是突然间,农夫眼看着汽车翻到水沟里去,他大为惊慌,急忙跑到出事地点。他看到沟里有水,而他的儿子被压在车子下面,躺在那里,只有头的一部分露出水面。

　　这位农夫并不很高大,根据报纸上所说,他有1.7 米高,70 千克重。

　　但是他毫不犹豫地跳进水沟,把双手伸到车下,把车子抬了起来,足以让另一位跑来援助的工人把那失去知觉的孩子从下面拽出来。

　　当地的医生很快赶来了,给男孩检查一遍,只有一点皮肉伤,需要治疗,其他毫无损伤。

这个时候,农夫却开始觉得奇怪了起来,刚才他去抬车子的时候根本没有停下来想一想自己是不是抬得动,由于好奇,他就再试一次,结果根本就动不了那辆车子。医生说这是奇迹,他解释说身体机能对紧急状况产生反应时,肾上腺就大量分泌出激素,传到整个身体,产生出额外的能量。这就是他可提出来的唯一解释。

要分泌出那么多肾上腺激素,首先当然体内得产生那么多腺体。如果自身没有,任何危急都不足以使其分泌出来。由此可见,一个人通常都存有极大的潜在体力。这一类的事还告诉我们另一项更重要的事实,农夫在危急情况下产生一种超常的力量,并不仅是肉体反应,它还涉及心智的精神的力量。当他看到自己的儿子可能要淹死的时候,他的心智反应是要去救儿子,一心只要把压着儿子的卡车抬起来,而再也没有其他的想法。可以说是精神上的肾上腺引发出潜在的力量。而如果情况需要更大的体力,心智状态,就可以产生出更大的力量即潜能。这是关于人类巨大的潜能的几个真实例子,狗急能够跳墙,人急能够爆发潜能。人在绝境或遇险的时候,往往会发挥出不寻常的能力。人没有退路,就会产生一股"爆发力",这种爆发力即潜能。人的潜能是多方面的:体能、智能、宗教经验、情绪反应等等。然而,由于情境上的限制,人只发挥了其1/10的潜能。

潜能是人类最大而又开发得最少的宝藏!无数事实和许多专家的研究成果告诉我们:每个人身上都有巨大的潜能还没有开发出来。美国学者詹姆斯根据其研究成果说:普通人只开发了他蕴藏能力的1/10,与应当取得的成就相比较,我们不过是半醒着的。我们只利用了我们身心资源的很小很小的一部分,科学家发现,人类贮存在脑内的能力大得惊人,人平常只发挥了极小部分的大脑功能。要是人类能够发挥一大半的大脑功能,那么可以轻易地学会40种语言、背诵整本百科全书,拿12个博士学位。这种描述相当合理,一点也不夸张。

爱迪生小时候曾被学校教师认为愚笨而失去了在正规学校受教育的机会。可是,他在母亲的帮助下,经过独特的心脑潜能的开发,成为世界上最著名的发明大王,一生完成2000多种发明创造。他在留声机、电灯、电话、有声电影等许多项目上进行了开创性的发明,从根本上改善了人类生活的质量。这是人的潜能得到较好开发的一个典型。

任何成功者都不是天生的,成功的根本原因是开发了人的无穷无尽的潜能。只要你抱着积极心态去开发你的潜能,你就会有用不完的能量,你的能力就会越用越强。相反,如果你抱着消极心态,不去开发自己的潜能,那你只有叹息命运不公,并且越消极越无能! 每一个人的内部都有相当大的潜能。

爱迪生曾经说:"如果我们做出所有我们能做的事情,我们毫无疑问地会使我们自己大吃一惊。"从这句话中,我们可以提出一个相当科学的问题:"你一生有没有使自己惊奇过?"

你有没有听过一只鹰自以为是鸡的寓言? 寓言说,一天,一个喜欢冒险的男孩爬到父亲养鸡场附近的一座山上去,发现了一个鹰巢。他从巢里拿了一只鹰蛋,带回养鸡场,把鹰蛋和鸡蛋混在一起,让一只母鸡来孵。孵出来的小鸡群里有了一只小鹰。小鸡和小鹰一起长大,因而不知道自己除了是小鸡外还会是什么。起初它很满足,过着和鸡一样的生活。

但是当它逐渐长大的时候,它心里就有一种奇特不安的感觉。它不时想:"我一定不只是一只鸡!"只是它一直没有采取什么行动。直到有一天,一只了不起的老鹰翱翔在养鸡场的上空,小鹰感觉到自己的双翼有一股奇特的新力量,感觉胸膛的心正猛烈地跳着。它抬头看着老鹰的时候,一种想法出现在心中:"养鸡场不是我待的地方。我要飞上青天,栖息在山岩之上。"它从来没有飞过,但是它的内心里有着力量和天性。它展开了双翅,飞到一座矮山顶上。极为兴奋之下,它再飞到更高的山顶上,最后冲上了青天,到了高山的顶峰,它发现了伟大的自己。

当然会有人说:"那不过是个很好的寓言而已。我既非鸡,也非鹰。我只是一个人,而且是一个平凡的人。因此,我从来没有期望过自己能做出什么了不起的事来。"或许这正是问题的所在,你从来没有期望过自己能够做出什么了不起的事来。这是实情,而且这是严重的事实,那就是我们只把自己钉在我们自我期望的范围以内。

但是人体内确实具有比表现出来的更多的才气,更多的能力,更有效的机能。

不论有什么样的困难或危机影响到你的状况，只要你认为你行，你就能够处理和解决这些困难或危机。对你的能力抱着肯定的想法就能发挥出你的潜能，并且因而产生有效的行动。

潜能是无穷无尽的

由于大多数人不了解人体的神奇机能，以无知来接触那些自己视为可怕的遭遇，便容易陷入畏缩不前的状态中。

多年来，人人都知道要用不到 4 分钟的时间跑完一英里的路程是不可能的。生理学刊物上刊登的文章也证明，人类的体力无法达到这个极限。但是，罗杰·贝尼斯特却于 1954 年打破了四分钟的记录。谁也没想到，不到两年，又有 10 位运动员打破了这项记录。

这其实就证明了一个道理，人类的潜能能够一个突破接着一个突破。客观地说，到目前为止，人们对潜能的认识还很肤浅。但上面这个例子却说明一个简单的道理，所谓的极限是可以突破的，人类的潜能是非常巨大的，甚至可以说是无限的。

这个实验证明了一个道理：人的潜能犹如一座待开发的金矿，蕴藏量无穷，价值无比，我们每个人都有一座潜能金矿。

事实上，世界本来属于我们，我们只要抹去身上的灰尘，无限的潜能就会像原子反应堆里的原子那样充分发挥出来，我们就一定会有所作为，创造奇迹。

行动激发潜能

一、潜能有待我们自己去开发

有句话说得好,你自己的水要你挑,你自己的木材要你去砍。同样道理,你的潜能有待自己去开发。

潜能激励专家魏特利曾经说过这样一句话:在开发潜能时,没有人会带你去钓鱼。

魏特利永难忘怀那一天,从那一天之后起,他明白了这个道理:在开发潜能时,没人会带你去钓鱼。他回忆道:"那天我的一位士兵朋友说:星期天上午五点,我带你到船上钓鱼。我雀跃不已,晚上在床上无法入眠,幻想着海中的石斑鱼和梭鱼,在天花板上游来游去。清晨三点,我爬出卧房窗口,备好渔具箱,准备出发了。

但他失约了。

那可能就是我一生中,学会要自立自强的关键时刻。

我没有因此对人的真诚产生怀疑或自怜自艾,也没有爬回床上生闷气或懊恼不已,向母亲、兄弟姊妹及朋友诉苦,说那家伙没来,失约了。相反的,我跑到附近汽车戏院空地上的售货摊,花光我帮人除草所赚的钱,买了那双上星期在那儿看过、补缀过的单人橡胶救生艇。我像个原始狩猎队。我摇着桨,滑入水中,假装我将启动一艘豪华大油轮,航向海洋。我钓到一些鱼,享受了我的三明治,用军用水壶喝了些果汁,这是我一生中最美妙的日子之一。"魏特利经常回忆那天的光景,沉思所学到经验,即使是在9岁那样稚嫩的年纪,他也学到了宝贵的一课:首先学到的是,只要鱼儿上钩,世上便没有任何值得烦心的事了。而那天下午,鱼儿的确上钩了!其次,士兵朋友教给我了,光有好的意图并不够。士兵朋友要带我去,也想着要带我去,但他并未赴约。"然而对魏特利而言,那天去钓鱼,却是他最大的希望,他立即着手设定目标,使愿望成真。魏特利极有可能被失望的情绪所击溃,也极可能只是回家自我安慰:"你想去钓鱼,但那阿兵哥没来,这就算了吧!"相反的,他心中有个声音告诉他:仅有欲望不足以得胜,我要立刻行动,要自立自强,自己开发属于自己的那一片沃土——潜能。

二、潜能的激发往往产生于不起眼的事情

机会的到来常常是由于意外的发现。

第一个防火警铃就是在实验室里一次不起眼的事件下产生的。杜妥·波尔索当时正在试验一个控制静电的电子仪器,忽然他注意到旁边一个技师所抽的香烟把仪器的马表弄坏了。起初波尔索觉得很懊恼,因为必须终止实验,重新再装一个马表。后来他想到,马表对烟的反应可能是一个有价值的资讯。这个短暂并且看似不起眼的小事件,促使波尔索发明了第一套美制的防火警铃系统——一套拯救了成千上万人生命的系统。

潜能可能以多种方式来到。有时候它是一件看似不起眼事件的结果。

养成寻找机会的习惯。伸展你的心灵,寻找可能的机会,它们无处不在,而且经常就在我们的眼前。

三、行动激发潜能

只有实践才能激发潜能,从火车发明者史蒂芬逊来看,其创造来自实践。

他从未在学校受过教育,8岁给人家放牛,13岁就跟父亲到大煤矿干活。起初当蒸汽机司炉的副手,擦拭机器,别人修理机器时他细心观察,了解它的构造和功能。由于他刻苦学习,长时间积累,产生了许多智慧,掌握了相当熟练的技巧。

一天,煤矿里一辆运煤车坏了,机械师们修理好长时间还不能使用,史蒂芬逊自告奋勇地要求修理。他平时摆弄过很多机器,已了解到这种运煤车构造上容易出毛病的地方。于是,他从容不迫地拆开,调整好出毛病的地方,再照原样装配好,运煤车果然开动起来了。通过这件事,他很快升任机械理匠,直至机械工程师。

像史蒂芬逊这种善于开发潜能的人能从学习、生活和工作中吮吸养分,滋润、充实自己,即所谓"不积小流,无以成江海;不积跬步,无以至千里"。

做事的秘诀是什么?安东尼·罗宾告诉我们,督促我们去运用这个秘诀的座右铭是:现在就去做。

"种下行动就会收获习惯;种下习惯便会收获性格;种下性格便会收获命运",心理学家兼哲学家,威廉·詹姆士这么说。他的意思是,习惯造就一个人,你可以选择自己的习惯,在使用座右铭时,你可以养成自己希望的任何习惯。

在说过"现在就去做"以后,只要一息尚存,就必须身体力行。无论何时必须行动,"现在就去做"的象征从你的潜意识闪到意识里时,你就要立刻行动。

请你养成习惯,先从小事上练习"现在就去做",这样你很快便会养成一种强而有力的习惯,在紧要关头或有机会时便会"立刻掌握"。

许多人都有拖拖拉拉的习惯。因此就误了火车,上班迟到,甚至更严重,错过可以改变自己一生,使他变得更好的良机。

所以,要记住:"现在"就是行动的时候。

"现在就去做"可以影响你生活中的每一部分,它可以帮助你去做该做而不喜欢做的事;在遭遇令人厌烦的职责时,它可以教你不推拖延宕。但是它也能像帮助孟列·史威济那样,这个刹那一旦错过,很可能永远不会再碰到。

请你记牢这句话:"现在就去做!"

行动可以改变一个人的态度,使他由消极转为积极,使原先可能糟糕透顶的一天变成愉快的一天。

超越自我，激发潜能

超越自我是对自身能力或素质的突破，这不仅仅是心理潜能的激发，更多的是人性的完善、境界的提高或智慧的凝结。

人在改造自然、构筑社会的过程中，会逐渐形成一些规范、感觉和认识，这些经验和教训的结果是有利于个体适应环境并且与环境互动协调的。但是由于人的认识层次不够，信息（或联系的刺激在人脑中的反应）不足，人往往会片面，这是谁都不能避免的。片面带来的规范异化、认识异化（成见）或本能误导对人适应环境是不利的，甚至成为人存在和发展的障碍。突破就是针对异化和误导而来。

比如羞怯，这是人的自我收敛、自我保护意识的体现，是积极的，有利于维系人与人之间的关系的。但是，过分的羞怯，或已经成形的不分场合、不适时宜的羞怯却常常成为人前进或地位、关系拓展的障碍。克服羞怯的口号因此而出。

超越自我在相当多的时候更倾向于人格塑造。

超越自我一般都要通过自我调节才能顺利实现，特别是心态的调节。

有时候，自我超越和自我调节并不能很严格地区分。自我调节可以看是短期的行为，以暂时应对心灵的失衡与变化。自我超越的效应则更倾向于长期，那不仅仅依靠心理调适，还融合了充分的知识、条件，是心态的更好，是水平、境界、资源和能力的更高。**可以说，自我超越少不了自我调节，因为个体需要磨合，不断调整、不断感觉，与自然和社会相应；但是自我调节未必能够促成自我超越，因为自我超越要复杂得多，那往往以自我突破为表现，再上一个台阶。**

超越自我需要人积极不懈的努力。经研究发现，坚持和积累比素质和技巧都重要得多。水滴石穿的道理是通用的。效率也可以通过学习改善；对于同一件事，效率高能进展快，但如果坚持和积累不够，离成功也许就只是一步之遥。对于我们大多数人，智力和能力的差距并不大，知识和技巧也差不多，这时自我超越的重点，更应该倾向于坚持和积累。

过分的羞怯，或已经成形的不分场合、不适时宜的羞怯常常成为人前进或地位、关系拓展的障碍。

挖掘你的潜能

我们见到一些熟人或朋友,总会习惯地问对方最近如何,在多数情况下都会得到对方这样的回答:"太忙了!"在今天这样的社会状况下,似乎没有一个人不是在忙忙碌碌地生活着。而"忙"在很多时候,也成了一些人的借口或习惯。

可是,如果我们去仔细调查一番,便会发现社会上的绝大多数人果然都是在埋头苦干中生活的,时间对于他们来说永远都显得那么不够用,他们常常希望一天能有二十五个小时甚至三十个小时。可是同时,只要你再深入一层去探究他们,你就会发现他们中的绝大多数,尽管显得忙忙碌碌,实质上到头来却显得无所事事。这便是愚者的生活模式。

智者也在忙碌,但智者的忙碌和愚者的忙碌是不一样的,他们是在挖掘自己的潜能,使自己的才华和能力发挥到极限,来实现自己远大的目标和事业的成功而忙碌。

让我们从智者的举措中得到一些有益的启示吧!

一百多年前。有一天,一个年老的医生驾车到了一个镇,把马拴住,一声不响地从后门溜进一家药房,和药房一位年轻的药剂师做了一桩生产买卖。

在药品柜后台,这位老医生和药剂师谈了足足一个多钟头,后来医生离开了,年轻人跟着老医生走向马车,带回来一个老式的铜壶,一片木制橹状的大木板(用来搅动壶里的东西),把它放在柜台的后面。

年轻人检查那只铜壶后,手伸入贴身的袋里,取了一卷钞票交给了那个医生,这卷钞票是年轻人全部的积蓄——五百美元。

老医生就交给年轻人一张写着秘密配方的小纸张。

铜壶里面有一种可以令人解渴生津的饮料,而它的制造配方就写在老医生交给年轻人的那一小张纸上面,这配方是老医生多年心血的结晶。

年轻人对老医生的创想有极大的信心,知道可以成为受人欢迎的产品,于是他倾其所有的积蓄,将这个创意买下来。

没多久,年轻的药剂师运用他的想象力,将一种秘密成分加进这古老的铜壶所载的饮料里。他这一个创举,令铜壶里的饮品无比甘美,亦难以模仿。

在老医生的创意和年轻药剂师的创新下,这个古铜壶就变成像阿拉丁神灯一般,有无法估计的金子流出,历经百年不衰。

这个铜壶里的饮料,经过年轻药剂师的秘密配方,就是你一定饮过不知多少瓶的可口可乐。大家是不是曾想到原来人们常喝的可口可乐竟是这样来的呢?

曾几何时,为了能得到一只"铁饭碗",人们竭尽全力地要挤进已经人满为患而又永远不会到站的列车。而今天,有许多人不再稀罕这个虽然"饿不死"却又"吃不好"的"铁饭碗",甘愿选择有风险的"瓷饭碗"……

潜能是每个人都具有的潜在的能力,包括智者和愚者,而当这种能力被激发出来时,常常出人意料。

大多数人的志气和才能都深深地潜伏着,要靠外界的东西来激发它。智者之所以为智,是因为他们善于通过外界的条件把自身的潜能激发出来,创造出更大的成就;愚者之所以愚,是因为他们只懂得埋头苦干,而不晓得把自身的潜能激发出来,其固有的才能变得迟钝并失去了它的力量。

天涯何处无芳草。多一次选择就多一次新的机会,可以带来一个新的世界,不跨出这一步,那就永远不能主宰自己的命运。

培养积极的思维模式

当我们站在镜子前,可能经常会对自己产生一些消极的想法。比如:我今天看起来太胖了,或者,我看上去开始变老了。

我们都有过类似的想法,却没有意识到这些负面的思维会对我们的生活造成多大的伤害。我们把自己说得、想得越是糟糕,就越是在头脑里给负面思维大开方便之门。

我们的思想创造了现实,所以我们应该做的,是要在头脑中为自己设想出一个积极和幸福的未来,这样,美好的未来才会到来。

这是一个事实,不过从更深一层的心理学上来讲,你的潜意识会告诉你,你的未来美好与否,和你此时的想法无关。如果你认为自己没资格获得想象中的成功和幸福,那么你就无法达到你的目标,也无法完美地实现你的最终梦想。

人的个体不同,想法也不同,这些想法有些是正面的,有些是负面的。家长和老师们培养我们长大,他们有着各自不同的思想体系,他们把这些思想灌输给我们的方式对于我们如何看待自己和我们在成长中的言行举止都有着巨大的影响。

如果在我们小时候,我们听到的是"可爱、漂亮、聪明、健康、快乐而且能够实现所有理想"这些积极的话语,我们在潜意识中就会相信这些信念,也就有信心为自己创造一种幸福、积极的生活。

不过,孩子们也可能听到大人们说,生活是艰苦的、是具有挑战性的,听到大人们说他们没用、愚蠢、脏、肥、丑这样的负面话语,孩子年幼的大脑中不断地吸收着别人的负面思维,久而久之,他们就把这些不好的思维当成了自己的真实想法。孩子的思想就如同一块海绵,听到的所有信息都会融入他们的思维中,成为他们的观念。

这就意味着当他们长大一些、能够给自己一个更真实的评价时,他们的理性认识也许就会发现自己以前听到的评论都是不正确的。然而在更深层的思想中,他们仍旧相信着自己小时候听到的话。如果不把那些起初的负面思维清除掉,代之以正面思维,那些负面思维就会在一个人的潜意识中永远影响着他的行为。

那么我们怎样才能去掉我们积习已久的负面思维,从而在大脑里给自己建立一个积极的人生之路呢?

我们最好从改变自己的思维方式开始,比如我们站在镜子面前的时候,先要知道自己都有哪些想法。

闭上眼睛一分钟,把所有那些陈旧的负面思维集中起来,想象着把它们写在一块摆在你面前的黑板上。然后想象你拿着一块板擦,一点点地把这些负面思维全部擦除干净。

现在想象你拿起了一支粉笔,在这块黑板上写下你希望得到的正面的思维,我很漂亮,我有着标准的体重。做一个深呼吸,想象着自己吸收了这些写在黑板上的积极话语。体会到位后睁开双眼,看着镜子,继续重复这些积极的话语。

这个非常简单的练习能够帮助你在每次面对镜子时知道如何让自己以更为积极的心态生活。

当我们学会在生活中做出小的积极改变后,我们就会在大脑中建立起一种积极的思维方式。这不是说给自己确定一个可望而不可即的目标,那样做只能让大脑感到难以承受,进而关闭智慧的大门。

在一个人学习一门外语时可能也是这样,你越是想着自己有太多的东西要学,你的学习任务就会变得越繁重。但如果你能把学习任务化整为零呢?

比如你把自己的学习任务定为每个星期只学习 20 个单词,一个星期后,你就真的学会了这 20 个单词,这样你会为自己感到骄傲,从而增加你以后的学习信心。你会继续以每星期 20 个单词的速度学习,然后有一天,你会忽然发现自己已经掌握了数量可观的单词,这在几个月之前你还觉得是件不可能的事。

　　这只是举一个例子，其实在做任何一件事时都适用，比如进行一项体育运动或节食。只要你在生活中的任何一个方面进行小小的积极改变，你都会在头脑中建立起一个新的、积极的思考方式，从而为你在创造一个幸福的未来中铺平道路。

　　当我们学会在生活中做出小的积极改变后，我们就会在大脑中建立起一种积极的思维方式。这不是说给自己确定一个可望而不可及的目标，那样做只能让大脑感到难以承受，进而关闭智慧的大门。